序

　　AI 人工智慧時代來臨，需選用正確工具，才能迎向新的機會與挑戰。筆者從事 AI 人工智慧稽核相關工作多年，JCAATs 為 AI 語言 Python 所開發的新一代稽核軟體，可同時於 PC 或 MAC 環境執行，除具備傳統電腦輔助稽核工具(CAATs)的數據分析功能外，更包含許多人工智慧功能，如文字探勘、機器學習、資料爬蟲等，讓稽核分析可以更加智慧化。

　　透過 AI 稽核軟體 JCAATs，可分析大量資料，其開放式資料架構，可與多種資料庫、雲端資料源、不同檔案類型介接，讓稽核資料收集與融合更方便快速，繁體中文與視覺化使用者介面，不熟悉 Python 語言稽核人員也可以透過介面簡易操作，輕鬆快速產出 Python 稽核程式，並可與廣大免費之開源 Python 程式資源整合，讓您的稽核程式具備擴充性和開放性，不再被少數軟體所限制。

　　SAP 是目前企業使用最普遍的 ERP 系統，其由 R3 版到目前最新版的 HANA 版，數以萬計的 Table 不容易熟悉與了解，致查核人員對 SAP 常有「不知從何開始查核的疑慮」?Jacksoft AI 稽核學院準備一系列 SAP ERP 電腦稽核實務課程，透過最新的人工智慧稽核技術與實務演練教學方式，可有效協助廣大使用 SAP ERP 系統的企業，善用資料分析與智能稽核，快速掌握風險，提升價值。

　　本教材以客戶有效性查核為實例演練重點，特別關注於未落實客戶盡職調查（KYC）可能帶來的問題，如倒帳、幽靈客戶以及違反洗錢防制、個資外洩和反詐騙等法令規定。我們運用了最新的自然語言處理和文字探勘技術，包括情緒分析等，以有效地檢測異常情況，將客戶資料轉化為組織的重要資產。此教材經 ICAEA 國際電腦稽核教育協會認證並檢附完整實例練習資料，由具備國際專業的稽核實務顧問群精心編撰並可透過申請取得 AI 稽核軟體 JCAATs 教育版，帶領您體驗如何利用 AI 稽核軟體 JCAATs 快速對 SAP ERP 內的大數據資料進行分析與查核，快速找出異常掌握風險，歡迎會計師、稽核、財會、管理階層、大專院校師生及對智能稽核有興趣深入了解者，共同學習與交流。

JACKSOFT 傑克商業自動化股份有限公司
黃秀鳳總經理
2023/09/12

電腦稽核專業人員十誡

　　ICAEA 所訂的電腦稽核專業人員的倫理規範與實務守則，以實務應用與簡易了解為準則，一般又稱為『電腦稽核專業人員十誡』。 其十項實務原則說明如下：

1. 願意承擔自己的電腦稽核工作的全部責任。

2. 對專業工作上所獲得的任何機密資訊應要確保其隱私與保密。

3. 對進行中或未來即將進行的電腦稽核工作應要確保自己具備有足夠的專業資格。

4. 對進行中或未來即將進行的電腦稽核工作應要確保自己使用專業適當的方法在進行。

5. 對所開發完成或修改的電腦稽核程式應要盡可能的符合最高的專業開發標準。

6. 應要確保自己專業判斷的完整性和獨立性。

7. 禁止進行或協助任何貪腐、賄賂或其他不正當財務欺騙性行為。

8. 應積極參與終身學習來發展自己的電腦稽核專業能力。

9. 應協助相關稽核小組成員的電腦稽核專業發展，以使整個團隊可以產生更佳的稽核效果與效率。

10. 應對社會大眾宣揚電腦稽核專業的價值與對公眾的利益。

目錄

jacksoft | AI Audit Expert

Python Based 人工智慧稽核軟體

運用AI人工智慧
協助SAP ERP 客戶有效性
電腦稽核實例演練

傑克商業自動化股份有限公司

JACKSOFT為經濟部能量登錄電腦稽核與GRC(治理、風險管理與法規遵循)專業輔導機構，服務品質有保障

國際電腦稽核教育協會
認證課程

銷售及收款循環簡介

- 根據公開發行公司建立內部控制制度處理準則第七條規定，銷售及收款循環必須包括**訂單處理、授信管理、運送貨品或提供勞務、開立銷貨發票、開出帳單、記錄收入及應收帳款、銷貨折讓及銷貨退回、客訴、產品銷毀、執行與記錄票據收受及現金收入**等之政策及程序

銷售循環內控重點	
	1.迅速而正確地記錄來自客戶的訂單
	2.確認客戶信用程度
	3.準時提供商品或勞務
	4.正確地開立收款憑證給買方
	5.快速而正確地記錄客戶收款情況
	6.將客戶的購貨記錄正確地過到適當的分類帳上
	7.確保商品及現金的安全
	8.編製必要的報告

銷售及收款循環相關風險與查核重點

■ **銷售及收款**對企業而言是主要的營業活動之一，亦屬於會計資訊系統主要的子系統之一，因此，對整個銷售循環過程之活動都需要非常嚴謹的處理；關於此循環的各項業務活動可能發生的威脅與風險的暴露均需要有相關的了解：

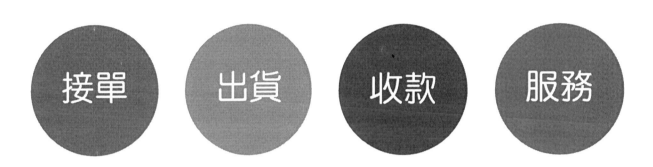

3

Know Your Customer (KYC)
客戶盡職調查

洗錢防制有缺失 金管會開罰2家銀行共600萬元

中央社
2019年8月29日

（中央社記者劉○呈台北2019
罰，新○銀行因為洗錢防制有
外，聯○銀行因辦理開立信託

金融監督管理委員會銀行局今
業，及未確實執行防制洗錢作
元。

銀行局副局長莊○媛表示，新
處400萬元罰鍰。首先，包括
序，以及辦理防制洗錢作業與

莊○媛指出，新○銀行在辦理
女行員幫忙賭博網站嫌犯開人頭戶，甚至幫忙轉匯薪資，顯示銀行沒有落實KYC（認識你的
客戶）。

新聞資訊 | 2020年中統計，全球違反AML、KYC的罰款高達56億美元

2020-08-26　　新聞資訊　　AML、KYC

臺灣/香港案例

根據金管會統計資訊，2020上半年對銀行、保險、國泰等金融三業的總罰鍰金額高達9,162萬元，其中以保險業合計遭罰金額最多。而遠監裁罰大多為跟 KYC 相關的事件，在銀行業方面，上半年共有6家業者收到罰單，罰金合計3,950萬元，尤其永○銀行、王○銀行都因理專不當挪用客戶資金，分別遭罰1,200萬元最高。其他像是台○銀行，因理專不當勸誘民眾以房貸、保單質借後購買投資型保單，被金管會開罰800萬元；台○銀行被罰600萬元、板○商銀100萬元及合○金庫50萬元。而保險業部分，上半年對共23家業者遭罰4,340萬元。

可見在金融領域下，雖然有 KYC 相關政策，但大多流於形式，並沒有確切落實內部人員執行及監控，如未完成盡職調查，可能將受到政府的調查，以及巨額罰款。這些都將嚴重影響公司的運營。香港政府為了防止香港公司不正規操作，加大了審核香港公司所需要提交的資料，同時，還需要對已有的香港公司進行資料收集，統計所有已註冊香港公司的客戶的相關信息。

4

去年詐騙案削台70億元 首宗電信涉詐 NCC輕罰30萬

04:10 2023/07/27 | 中國時報 | 黃◯淵、李◯叡、楊◯璇

通傳會（NCC）打詐三大懲處案

裁罰對象	海◯電信	台◯之星	伊◯通科技
違規事由	與詐騙集團共謀販賣門號，為國內首例二類電信涉案	企業客戶將申辦門號轉讓第三人使用，落於詐騙集團作為不法使用	於美資平台搜尋違規輸入及販售紅雪8 Pro電競手機
業者疏失	未落實用戶資料審核	未落實身分查核作業及查證	製造、輸入未經核准的電信管制射頻器材
裁處金額	新台幣30萬元	新台幣100萬元	

資料來源：通傳會（NCC） 製表：《中國時報》黃◯淵

通傳會（NCC）打詐三大懲處案

據警方統計，去年國內有近3萬件詐騙案，財物損失高達70
（NCC）昨日對涉詐的海◯電信，僅輕罰30萬元，民眾黨
《電信法》規定，可處20萬元以上，100萬元以下罰鍰，N
民黨立院黨團總召曾◯宗說，NCC公信力蕩然無存，連「
到。

海◯電信涉案 近千門號停話

人頭門號橫行，桃園地檢署
詐團共謀販售電信門號，由
電信的1.2萬個門號中，近1
疑，被檢調要求停話、由於
業者涉詐首例，不只檢方高
NCC要有行政措施。

NCC上月先要求中◯電信收回尚未開通的門號，不可再核發
原本外界預期NCC將祭出重罰，嚇阻電信業者與詐騙集團
昨天僅以「未落實用戶資料查核」裁罰海◯電信30萬元，
萬元回收三大罰單。

NCC發言人翁◯宗表示，海◯電信屬過去《電信法》時代
在今年5月27日到期，此案在執照期間內發生，因此依《電
◯電信是否該負連帶責任，翁柏宗說，二類電信應有自行
◯電信開罰。

檢方高度重視 結果令人意外

NCC昨日同步開罰另兩案，一是台◯之星的企業客戶，將
三人使用，NCC認為台◯之星沒做好身分查核，導致門號

電信史上最高 員工勾結詐團 NCC重罰台◯之星1600萬

04:10 2023/08/03 | 中國時報 | 黃◯淵

NCC副主委翁◯宗（見圖）2日在例行記者會上表示，台◯之星蔡姓業務人員涉嫌勾結男子羅◯傑與張男、林男，創立8個企業社，申辦2萬4000餘門號並賣給大陸犯罪集團，NCC開罰台◯之星1600萬。（郭◯銓攝）

2023/07/27 中國時報 黃0淵 、 李0叡 、 楊0璇　　資料來源:2023/08/03 中國時報 黃0淵

未落實客戶資料審核裁罰

PTS 是台灣的公共廣播媒體 · 維基百科

員工轉售門號予中國詐團 NCC重罰台◯之星1600萬 | 20230802 公◯晚間新聞

資料來源: https://www.youtube.com/watch?v=CePgH7uKaNI

查核實務探討:CRM客戶有效管理

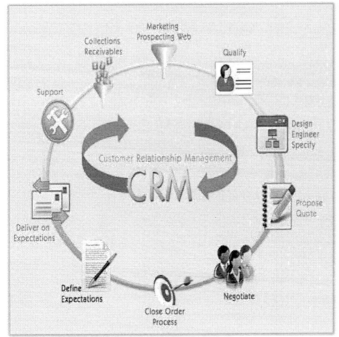

Find my CRM "Top 12 CRM Functionalities and Features List"
https://www.findmycrm.com/blog/crm-overview/top-12-crm-functionalities-and-features-list

ISACA, "How to Audit Customer Relationship Management (CRM) Implementations"
https://www.isaca.org/resources/isaca-journal/issues

7

如何將客戶資料變成企業資產?

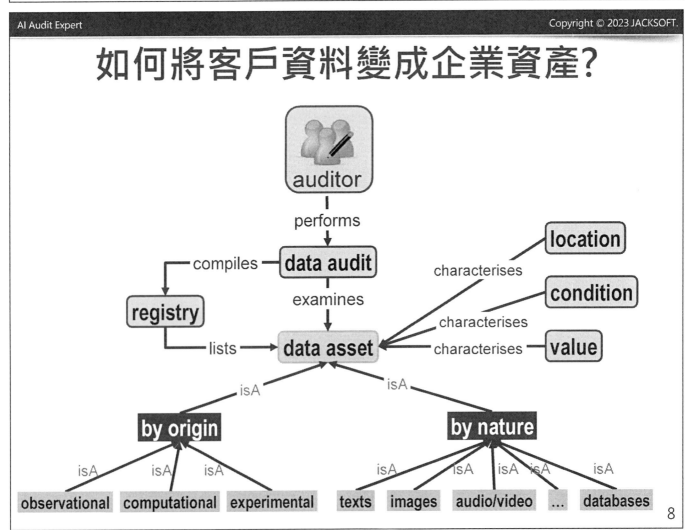

8

客戶資料管理的風險– 倒帳

《頭頭是道》陳永源：研判客戶 防止倒帳

〇達在上櫃審議委員會審查時，因去年提列的備抵呆帳僅有20萬元，審議委員會再三向我質疑此數字是否失真，而事實上，〇達自86年公司成立以來，總計提列的備抵呆帳不到100萬元，在所有上市櫃公司中，可說是提列備...

IC通路商是從事電子零組件的...以對於財務控管必須相當嚴謹，...收付款此塊領域。

了解客戶的財務、信用狀況，...公司外，我多會藉著親自拜訪客...例如，客戶換新辦公室時，我會...因。而對於新接觸的客戶，如果...意，不貿然出貨。但資金運用多...公司，即使門面不大，出貨會比...

Q2應收帳款逾40億元 〇銀：不會有倒帳疑慮！與經銷商緊密聯繫

on**YES** 鉅亨網 作者：鉅亨網記者尹慧中 台北 | 鉅亨網 – 2012年10月19日 下午12:10

外界關注機電股王〇銀(0000.TW)第二季財報顯示的應收帳款已逾40億元水準，對此，〇銀今(19)日再度說明表示，不會有倒帳疑慮，僅歐洲方面經銷商在不景氣的情況下需要多一點時間，公司仍與歐洲經銷商緊密聯繫。

〇銀財報顯示，今年前三季營收約為84億元，但是第二季應收帳款已達40.5億元，此額度約為該公司4個月的營收額度；此為外資等機構法人持續關注的重點，並擔憂第四季提列備抵呆帳的情況將發生。

對此，〇銀再次簡短澄清說明，不會有倒帳疑慮！該公司與經銷商保持合作與緊密聯繫。

6月底時市場一度傳出工具機業者中國大陸銷售訂單部分在領導層換屆青黃不接的時刻，企業資金融通趨緩，並有3成訂單遭「卡住」或延後出貨情況發生。

〇銀主管則指出，就該公司而言，應收帳款增加「並非來自中國的客戶」，而主要是歐洲市場的部分。且該公司去年遭倒帳金額也僅約20萬元。

客戶資料管理的風險– 幽靈客戶

記者潘平銘 / 台北報導
2022-02-14 10:56:44

電信台北營運處前工程師蔡　　，涉與上游廠商「台灣　　」負責人林　　合謀，虛設7件幽靈檔案，向上游收逾期匯票、下游預付工程款，詐取　　電信2751萬資金，後因台灣　　周轉不靈，致　　電信損失1570萬多元，台北地檢署今（14）日依《證交法》非常規交易罪、《刑法》偽造文書、詐欺罪起訴蔡、林2人。

我是廣告 請繼續往下閱讀

檢方調查，蔡　　於2015年3月至2016年3月間，違反「　　電信專（標）案管理作業要點」及「銷售交易人工出帳入帳處理作業要點」等規定，使4間廠商配合循環偽造交易。

檢方指控，蔡、林先談妥簽約標的、轉包廠商及欲融通金額等虛偽交易細節，後以「　　電信台灣北區電信分公司台北營運處」名義形式上簽訂7項採購案，再將幽靈工程轉包「專案廠商」承作，經層層轉包，完成循環虛偽交易流程，將　　電信2751萬4765元工程款項，陸續匯給林賣掌控的帳戶，使台灣　　公司得以無擔保方式向台北營運處詐得資金融通使用。

當台北營運處向台灣　　請款時，台灣　　則開立遠期支票支付，但僅陸續兌領部分款項，直到台灣　　周轉不靈，餘款1570萬4781元催討無著，使台北營運處遭受重大損失。

浮報出貨 〇〇員工暗槓上億元

訂單作假 中飽私囊 被爆炒股慘賠

2013年01月22日 f讚 565 G+1 14 Pinit

〇〇是國內知名電腦品牌大廠，近日爆發員工以假訂單詐取商品轉售牟利案件。資料照片

【王郁倫、法院中心／台北報導】國內電腦大廠〇〇驚爆員工五鬼搬運、監守自盜弊案！根據讀者提供資料，〇〇台灣區企業客戶事業處員工曾〇訓，利用職務之便浮報客戶出貨量，從中侵吞商品牟利上億元，〇〇上月已向士林地檢署提告。〇〇發言人汪〇雄昨晚證實有員工不法情事，但強調：「該案已進入司法訴訟程序，其他細節不便對外評論。」

〇〇上月向士林地檢署提告，指該公司資歷十年的業務員曾〇訓涉嫌利用每次出貨機會，浮報出貨數量，以「假訂單真出貨」方式，結合外部同夥，從中侵吞電腦設備並低價賣出、圖利個人，致使公司損失數千萬元。

〇〇昨晚證實，內控與稽核人員監看應收帳款時發現異常，去年十一月認為有重大疑點，積極清查後發現曾〇訓違紀事件，除將該員開除，全案已移送警方，連同外部嫌犯一併偵辦，同時提出民刑事告訴。至於公司因有投保，「預估實質損失約一千五百萬元，無礙營運」。

中華電信作地下放貸被倒帳4.3億 25員工被起訴 – 社會 – 自由時報電子報 (ltn.com.tw)

客戶資料管理的風險- 法規遵循

2022/07/29 11:32

〔記者溫○德／台北報導〕時任台北市警局信義分局的刑事偵查佐王○宏呂○縉委託，登入「警政知識聯網」偷查上百筆民眾個資，呂再以每筆10獲利30萬元，台北地院考量被告認罪，依120個公務員登載不實罪，判王刑5年，另要分別支付公庫50萬元、40萬元，也要提供義務勞務各120小時

至於許、邱兩名業者，均犯個資法中非公務機關非法利用個人資料罪，許月、3月徒刑，均可易科罰金，並緩刑2年，另要分別提供義務勞務100、6

本案起於屏東地檢署前年偵辦一宗仙人跳案，查出高雄有5名偵查佐涉勾資，警政署通令全國清查，台北市警局因而查出王○宏涉案。

北檢調查，王○宏涉嫌在2019年至2020年間，使用公務電腦登入警政知識資，用手機翻拍螢幕畫面，提供給呂男，經呂以每筆1000元翻拍轉賣給一絲

資料來源：
偵查佐賣個資給徵信業者 認罪判緩刑 - 社會 -
自由時報電子報 (ltn.com.tw)
資料來源：
https://www.bnext.com.tw/article/75278/cyber-security-personal-information

2023.05.17 | 資訊安全

誠○、iR○接連個資外洩，修法後最重罰1500萬！分析師：資安還要補強兩件事

華○、iR○、微○、誠○...接連爆出資安事件，立法院在本月16日三讀通過個人資料保護法部分條文修正案，針對以上企業的個資外洩風波提出舉措。

023年到現在，台灣已經發生至少15起資安事件，像是：華○的電商平台發生異常後傳出會員資料遭竊、微○廣場收到匿名勒贖信件後客戶資料外洩、威○影城發生顧客個資外洩、宏○資訊委外權限遭竊導致產品資料外洩……，究竟有沒有實際規範能加以約束？一次又一次引起了爭議。

立法院在本月16日三讀通過《個人資料保護法》部分條文修正案，針對近期多家企業發生的個資外洩事件提出舉措。

《個人資料保護法》修法兩大重點

1. 修正個資法第48條非公務機關違反安全維護義務之裁罰方式及額度，改為逕行處罰同時命改正，並提高罰鍰上限，處新臺幣（下同）2萬元以上200萬元以下罰鍰，若是情節重大者，處15萬元以上1,500萬元以下罰鍰。屆期未改正者：按次處15萬元以上1,500萬元以下罰鍰。

2. 第二，增訂個資法第1條之1規定，由個人資料保護委員會擔任個資法主管機關，行政院將積極推動設置個資保護獨立監督機關，以呼應去年8月12日憲法法庭第13號判決，要求3年內完成個資保護獨立監督機制之建置，解決目前個資法分散式管理下之實務監管問

11

AI時代的稽核分析工具

Structured Data (VS) Unstructured Data

20%

An Enterprise

80%

New Audit Data Analytic =

Data Analytic + Text Analytic + Machine Learning

Source: ICAEA 2021

Data Fusion: 需要可以快速融合異質性資料提升資料品質與可信度的能力。

12

文字探勘技術發展趨勢

» 自然語言處理(NLP)與文字探勘(Text mining)被美國麻省理工學院MIT選為未來十大最重要的技術之一，其也是重要的跨學域研究。

» 能先處理大量的資訊，再將處理層次提升
(Ex. 全文檢索→摘要→意見觀點偵測→找出意見持有者→找出比較性意見→做持續追蹤→找出答案...

Info Retrieval→Text Mining→Knowledge Discovery

電腦輔助稽核技術(CAATs)

- **稽核人員角度**所設計的通用稽核軟體，有別於以資訊或統計背景所開發的軟體，以資料為基礎的Critical Thinking(批判式思考)，**強調分析方法論**而非僅工具使用技巧。

- 適用不同來源與各種資料格式之檔案匯入或系統資料庫連結，其特色是強調有科學依據的抽樣、資料勾稽與比對、檔案合併、日期計算、資料轉換與分析，**快速協助找出異常**。

- 由傳統大數據分析 往 AI人工智慧智能分析發展。

C++語言開發
付費軟體
Diligent Ltd.

以VB語言開發
付費軟體
CaseWare Ltd.

以Python語言開發
免費軟體
美國楊百翰大學

JCAATs-
AI稽核軟體
--Python Based

Who Use CAATs進行資料分析?

- 內外部稽核人員、財務管理者、舞弊檢查者/鑑識會計師、法令遵循主管、控制專家、高階管理階層..
- 從傳統之稽核延伸到財務、業務、企劃等營運管理
- 增加在交易層次控管測試的頻率

電信業	流通百貨業	製造業
金融業	醫療業	服務業

15

Audit Data Analytic Activities

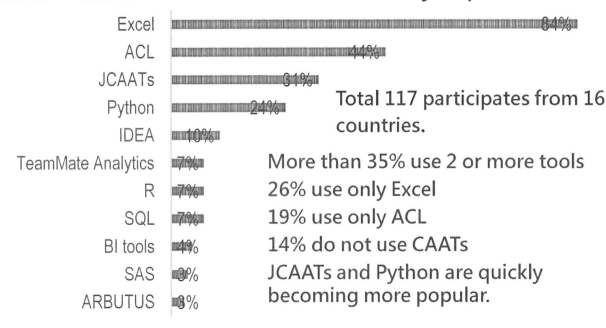

ICAEA 2022 Computer Auditing:
The Forward Survey Report

Tool	%
Excel	84%
ACL	44%
JCAATs	31%
Python	24%
IDEA	10%
TeamMate Analytics	7%
R	7%
SQL	7%
BI tools	4%
SAS	3%
ARBUTUS	3%

Total 117 participates from 16 countries.

More than 35% use 2 or more tools

26% use only Excel

19% use only ACL

14% do not use CAATs

JCAATs and Python are quickly becoming more popular.

16

AI Audit Software
人工智慧新稽核

　　JCAATs為 AI 語言 Python 所開發新一代稽核軟體，**遵循 AICPA稽核資料標準**，具備傳統電腦輔助稽核工具(CAATs)的數據分析功能外，更包含許多人工智慧功能，如**文字探勘、機器學習、資料爬蟲**等，讓稽核分析更加智慧化，**提升稽核洞察力。**

　　JCAATs功能強大且易於操作 ，可分析大量資料，**開放式資料架構，可與多種資料庫、雲端資料源、不同檔案類型及ACL 軟體等介**接，讓稽核資料收集與融合更方便與快速。**繁體中文與視覺化使用者介面**，不熟悉 Python 語言稽核或法遵人員也可透過**介面簡易操作**，輕鬆產出 Python 稽核程式，並可與廣大免費開源 Python 程式資源整合，讓**稽核程式具備擴充性和開放性**不再被少數軟體所限制。

17

JCAATs 人工智慧新稽核

Through JCAATs Enhance your insight
Realize all your auditing dreams

繁體中文與視覺化的使用者介面

Run both on Mac and Windows OS

Modern Tools for Modern Time

18

JCAATs AI人工智慧新稽核

機器學習 & 人工智慧

| 離群分析 | 集群分析 | 學 習 | 預 測 | 趨勢分析 |

多檔案一次匯入

ODBC資料庫介接

OPEN DATA 爬蟲

雲端服務連結器

SAP ERP

資料融合

JCAATs

文字探勘

模糊比對

模糊重複

關鍵字

文字雲

情緒分析

| 視覺化分析 | 資料驗證 | 勾稽比對 | 分析性複核 | 數據分析 |

大數據分析

JACKSOFT為經濟部技術服務能量登錄AI人工智慧專業訓練機構
JCAATs軟體並通過AI4人工智慧行業應用內部稽核與作業風險評估項目審核　19

智慧化海量資料融合

人工智慧文字探勘功能

稽核機器人自動化功能

人工智慧機器學習功能

國際電腦稽核教育協會線上學習資源

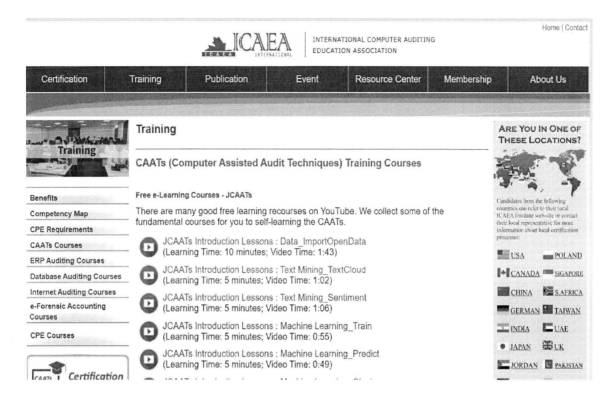

https://www.icaea.net/English/Training/CAATs_Courses_Free_JCAATs.php

21

AICPA美國會計師公會稽核資料標準

資料來源:https://us.aicpa.org/interestareas/frc/assuranceadvisoryservices/auditdatastandards

22

AI人工智慧新稽核生態系

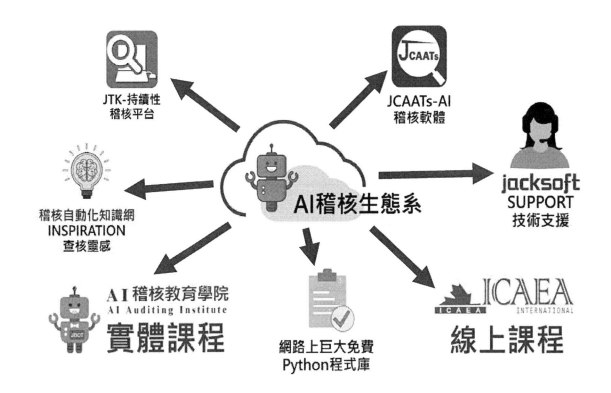

23

| **AI Audit Expert**

JCAATs 指令實習:

Copyright © 2023 JACKSOFT.

重複(Duplicate), 篩選(Filter), 比對 (Join), 彙總(Summarize) 文字探勘 之情緒分析(Sentiment)等指令使用

24

JCAATs指令說明-重複(Duplicate)

在JCAATs系統中，提供使用者檢查資料重複的指令為**重複(Duplicate)**，可應用於查核重複付款、重複開立發票、重複發放薪資等......。讓查核人員可以快速的進行重複項目的比對與查核工作。

25

JCAATs指令說明-彙總 Summarize

彙總指令可以選擇**多個欄位**(文字、數值、日期等)成為關鍵欄位，進行分類計算。
列出欄位：是以該分類的第一筆資料來顯示。

26

JCAATs指令說明─比對(Join)

在JCAATs系統中,提供使用者可以運用**比對(Join)** 指令,透過相同鍵值欄位結合兩個資料檔案進行比對,並產出成第三個比對後的資料表。

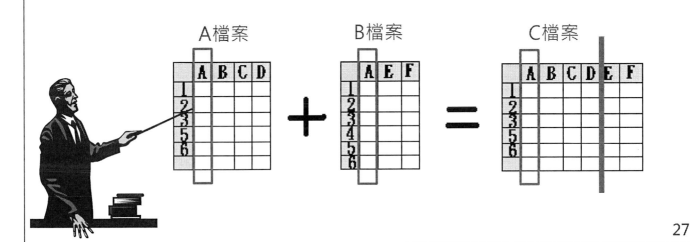

比對 (Join)指令使用步驟

1. 決定比對之目的
2. 辨別比對兩個檔案資料表,主表與次表
3. 要比對檔案資料須屬於同一個JCAATS專案中。
4. 兩個檔案中需有共同特徵欄位/鍵值欄位
   (例如:員工編號、身份證號)。
5. 特徵欄位中的資料型態、長度需要一致。
6. 選擇比對(Join)類別:
   A. Matched Primary with the first Secondary
   B. Matched All Primary with the first Secondary
   C. Matched All Secondary with the first Primary
   D. Matched All Primary and Secondary with the first
   E. Unmatched Primary
   F. Many to Many

比對(Join)的六種分析模式

> 狀況一：保留對應成功的主表與次表之第一筆資料。
> (Matched Primary with the first Secondary)

> 狀況二：保留主表中所有資料與對應成功次表之第一筆資料。
> (Matched All Primary with the first Secondary)

> 狀況三：保留次表中所有資料與對應成功主表之第一筆資料。
> (Matched All Secondary with the first Primary)

> 狀況四：保留所有對應成功與未對應成功的主表與次表資料。
> (Matched All Primary and Secondary with the first)

> 狀況五：保留未對應成功的主表資料。
> (Unmatched Primary)

> 狀況六：保留對應成功的所有主次表資料
> (Many to Many)

29

JCAATs 比對(JOIN)指令六種類別

比對類型

 ● Matched Primary with the first Secondary

 ○ Matched All Primary with the first Secondary

 ○ Matched All Secondary with the first Primary

 ○ Matched All Primary and Secondary with the first

 ○ Unmatch Primary

 ○ Many to Many

30

比對(Join)練習基本功：

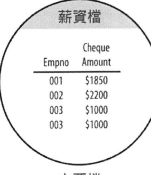

薪資檔

Empno	Cheque Amount
001	$1850
002	$2200
003	$1000
003	$1000

主要檔

員工檔

Empno	Pay Per Period
001	$1850
003	$2000
004	$1975
005	$2450

次要檔

① Matched Primary with the first Secondary   ⑤ Unmatched Primary

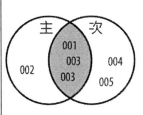

輸出檔

Empno	Cheque Amount	Pay Per Period
001	$1850	$1850
003	$1000	$2000
003	$1000	$2000

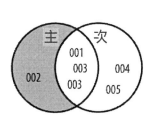

輸出檔

Empno	Cheque Amount
002	$2200

31

比對(Join)練習基本功：

薪資檔

Empno	Cheque Amount
001	$1850
002	$2200
003	$1000
003	$1000

主要檔

員工檔

Empno	Pay Per Period
001	$1850
003	$2000
004	$1975
005	$2450

次要檔

② Matched All Primary with the first Secondary   ③ Matched All Secondary with the first Primary

輸出檔

Empno	Cheque Amount	Pay Per Period
001	$1850	$1850
002	$2200	$0
003	$1000	$2000
003	$1000	$2000

輸出檔

Empno	Cheque Amount	Pay Per Period
001	$1850	$1850
003	$1000	$2000
003	$1000	$2000
004	$0	$1975
005	$0	$2450

32

比對(Join)練習基本功：

	薪資檔			員工檔	
Empno	Cheque Amount		Empno	Pay Per Period	
001	$1850		001	$1850	
002	$2200		003	$2000	
003	$1000		004	$1975	
003	$1000		005	$2450	

主要檔　　　　　　　　　次要檔

◇4 Matched All Primary and Secondary with the first

	輸出檔	
Empno	Cheque Amount	Pay Per Period
001	$1850	$1850
002	$2200	$0
003	$1000	$2000
003	$1000	$2000
004	$0	$1975
005	$0	$2450

比對(Join)練習基本功：

	Payroll Ledger			Employee Records	
Empno	Cheque Amount	Pay Date	Empno	Pay Per Period	Start Date
006	$2100	15 Jan 11	004	$1975	19 Oct 09
006	$2100	31 Jan 11	005	$2450	17 May 10
006	$2300	15 Feb 11	006	$2100	15 Sep 08
006	$2300	28 Feb 11	006	$2300	01 Feb 11

Primary Table　　　　　　Secondary Table

1. 找出支付單與員工檔中相同員工代號所有相符資料
2. 篩選出正確日期之資料
3. 比對支付單中實際支付與員工檔中記錄薪支是否相符

Many-to-Many

	Payroll Ledger			Employee Records	
Empno	Cheque Amount	Pay Date	Empno	Pay Per Period	Start Date
006	$2100	15 Jan 11	004	$1975	19 Oct 09
006	$2100	31 Jan 11	005	$2450	17 May 10
006	$2300	15 Feb 11	006	$2100	15 Sep 08
006	$2300	28 Feb 11	006	$2300	01 Feb 11

Many　　　to　　　Many

Primary Table　　　　　Secondary Table

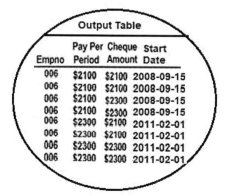

	Output Table		
Empno	Pay Per Period	Cheque Amount	Start Date
006	$2100	$2100	2008-09-15
006	$2100	$2100	2008-09-15
006	$2100	$2300	2008-09-15
006	$2100	$2300	2008-09-15
006	$2300	$2100	2011-02-01
006	$2300	$2100	2011-02-01
006	$2300	$2300	2011-02-01
006	$2300	$2300	2011-02-01

文字探勘-情緒分析(Sentiment)應用說明

情緒分析（也稱為意見挖掘）是指用<u>自然語言處理</u>、<u>文本挖掘</u>以及<u>計算機語言學</u>等方法來識別和提取原素材中的**主觀信息**。通常來說，情感分析的目的是為了**找出說話者/作者在某些話題上或者針對一個文本兩極的觀點的態度**。這個態度或許是他或她的個人判斷或是評估，也許是他當時的情感狀態（就是說，作者在做出這個言論時的情緒狀態），或是作者有意向的情感交流（就是作者想要讀者所體驗的情緒）。

- 現有的文本情感分析的途徑大致可以集合成四類：
  1. 關鍵詞識別
  2. 詞彙關聯
  3. 統計方法
  4. 概念級技術。

Ps.參考資料來源: https://zh.wikipedia.org/文本情感分析

JCAATs 指令說明: 情緒分析(Sentiment)

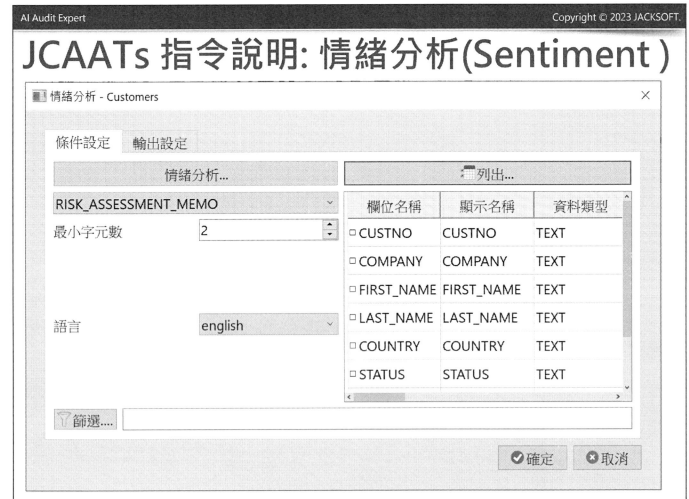

情緒分析實務應用範例說明

JCAATs 主要採用關鍵詞識別方法，利用文字中出現的清楚定義的影響詞（affect words），例如「開心」、「難過」、「傷心」、「害怕」、「無聊」等等，來影響分類。

情緒分析實務應用範例說明:

以國泰人壽客戶之聲網頁為例--共有83頁的客戶回應

1.通常會選最早的40~60頁來進行文字探勘來建立字典

2.最對新的資料進行分析 3.找出負向的評論進行了解

資料來源: https://patron.cathaylife.com.tw/npsvoc/Customer

情緒分析稽核應用範例:

金融業案例，例如:

1.核保或貸款評估文件: 負面因素多，
　=>但是核保或放貸審核結果:金額高，條件優

2.核保或貸款評估文件:正面因素多，
　=>但是核保或放貸結果:金額低或未承保/未放貸

3.核保或貸款審核文件與理賠或放貸文件
　=>前後背離

=>應加強查核審查程序與相關決策分析過程

一般行業案例，例如:

1.供應商審核...

2.客訴案件處理...

■ ....

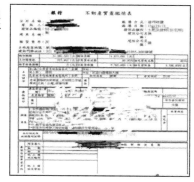

補充 – 文字探勘語言包

- JCAATs 基本**使用 NLTK** 語言分析。

- 對於一些亞洲文字類語言， 使用下列的語言包:
  - 中文(繁體與簡體): import jieba
  - 日文(Japanese): import nagisa
  - 韓文(Korean): KoNLPy#

- 情緒字典: 大部分國家都有發展自己的情緒字典，可以到 GitHub上去下載來裝到JCAATs上使用。

注意: 標準系統僅安裝有 NLTK 和 jieba 語言包， 其他語言包需要客製安裝，否則無法顯示正確字體於系統畫面上。

AI智能稽核專案執行步驟

➢ 可透過JCAATs AI稽核軟體，有效完成專案，包含以下六個階段:

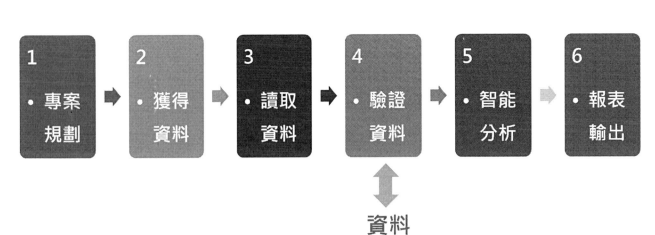

1. 專案規劃

查核項目	客戶管理作業稽核	存放檔名	客戶有效性查核
查核目標	查核客戶資料管理是否依照公司及相關法令規定辦理。		
查核說明	針對客戶資料進行有效性查核，善盡KYC審查責任，檢核是否有須深入追查之異常交易紀錄。		
查核程式	(1)查核客戶資料檔建檔資料，是否有**重複建檔**或**建檔資料缺漏**不完整情形。(演練二與演練三) (2)**比對**訂單檔與客戶資料檔，將未建檔於客戶資料檔中的應收帳款交易資料，列出查核結果。(演練四) (3)**比對**應收帳款明細檔與客戶資料檔，**彙總**應收帳款超過信用額度者，列出查核結果。(演練五) (4)**比對**應收帳款明細檔與信用主檔，**彙總**客戶集團應收帳款超過集團信用額度者，列出查核結果。(演練六) (5)運用**文字探勘情緒分析**進行客戶信用評語查核，列出信用額度與評語負相關異常資料。(演練七)		
資料檔案	客戶基本資料檔、客戶銷貨資訊檔、應收帳款明細檔、信用主檔、訂單主檔、客戶信用評估表(CRM)		
所需欄位	請詳後附件明細表		41

2. 獲得資料

- 稽核部門可以寄發稽核通知單，通知受查單位準備之資料及格式。

- 檔案資料：
  ☑ KNKK
  　(信用主檔)
  ☑ KNA1
  　(客戶基本資料檔)
  ☑ KNVV
  　(客戶銷貨資料檔)
  ☑ VBAK
  　(訂單主檔)
  ☑ BSAD
  　(應收帳款明細檔)
  ☑ 客戶信用評估表

稽核通知單

受文者	A電子股份有限公司　　　　資訊室	
主旨	為進行公司客戶管理作業例行性查核工作，請貴單位提供相關檔案資料以利查核工作之進行。所需資訊如下說明。	
說明		
一、	本單位擬於民國XX年XX月XX日開始進行為期X天之例行性查核，為使查核工作順利進行，謹請在XX月XX日前 惠予提供XXXX年XX月XX日至XXXX年XX月XX日之客戶相關明細檔案資料，如附件。	
二、	依年度稽核計畫辦理。	
三、	後附資料之提供，若擷取時有任何不甚明瞭之處，敬祈隨時與稽核人員聯絡。	
請提供檔案明細：		
一、	應收帳款明細檔,客戶銷貨資料檔,訂單主檔,客戶基本資料,信用主檔，請提供包含欄位名稱且以逗號分隔的文字檔，並提供相關檔案格式說明(請詳附件)	
稽核人員：Jessica	稽核主管：Sherry	42

2.獲得資料

中文名稱	資料表名稱	系統類別	備註
信用主檔	KNKK	SAP	
客戶基本資料檔	KNA1	SAP	
客戶銷貨資料檔	KNVV	SAP	
訂單主檔	VBAK	SAP	
應收帳款明細檔	BSAD	SAP	
客戶信用評估表	客戶信用評估表	CRM或 excel	

信用主檔(KNKK)

開始欄位	長度	欄位名稱	意義	型態	備註
1	42	KUNNR	客戶編號	C	
43	18	KLIMK	信用額度	N	
61	10	ERNAM	建立者	C	
71	24	ERDAT	建立日期	D	MM/DD/YYYY
95	10	GRUPP	客戶信用群組	C	

- C：文字欄位
- N：數字欄位
- D：日期欄位

※資料筆數：171

客戶基本資料檔(KNA1)

開始欄位	長度	欄位名稱	意義	型態	備註
1	22	ADRNR	地址	C	
23	20	ERDAT	建立日期	D	
43	40	KUNNR	客戶編號	C	
83	10	NAME1	客戶名稱	C	
93	54	TELBX	電子信箱	C	
147	20	TELF1	電話	C	
167	20	TELFX	傳真	C	

- C：文字欄位
- N：數字欄位
- D：日期欄位

※資料筆數：171

客戶銷貨資訊檔(KNVV)

開始欄位	長度	欄位名稱	意義	型態	備註
1	10	ERNAM	建立者	C	
11	10	KKBER	信用額度	N	
21	40	KUNNR	客戶編號	C	

- C：文字欄位
- N：數字欄位
- D：日期欄位

※資料筆數：162

訂單主檔(VBAK)

開始欄位	長度	欄位名稱	意義	型態	備註
1	20	ANGDT	詢報價生效日期	D	YYYY/MM/DD
21	20	AUDAT	訂單日期	D	YYYY/MM/DD
41	50	AUFNR	訂單號碼	C	
91	10	ERNAM	業務員	C	
101	16	ERZET	輸入時間	C	
117	40	KUNNR	客戶編號	C	

- C：文字欄位
- N：數字欄位
- D：日期欄位

※資料筆數：65,535

應收帳款明細檔(BSAD)

開始欄位	長度	欄位名稱	意義	型態	備註
1	50	AUFNR	訂單號碼	C	
51	40	BELNR	傳票號碼	C	
91	20	BUDAT	發票日期	D	YYYY/MM/DD
111	10	BUZEI	明細項數	N	
121	10	GJAHR	會計年度	N	
131	40	KUNNR	客戶編號	C	
171	40	VBELN	發票號碼	C	
211	10	WRBTR	發票金額	N	

- C：文字欄位
- N：數字欄位
- D：日期欄位

※資料筆數：121,171
※查核期間：2011/1/1~2011/12/31

客戶信用評估表(從CRM或excel)

開始欄位	長度	欄位名稱	意義	型態	備註
1	40	客戶代號	客戶代號	C	
41	4	發展前景	發展前景	C	
45	4	往來情形	往來情形	C	
49	4	經營管理	經營管理	C	
53	4	財務狀況	財務狀況	C	
57	44	評語	評語	C	

- C：文字欄位
- N：數字欄位
- D：日期欄位

※資料筆數：171

3.讀取資料

資料倉儲與JCAATs的結合功能優點

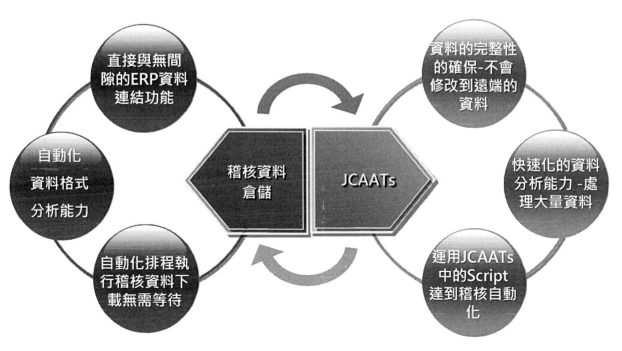

SAP ERP 版本

SAP R/1 → SAP R/2 → SAP R/3 → SAP ECC → SAP Business Suite on HANA → SAP S/4 HANA →

➢ **SAP R/2:** 基於SAP Main frame的ERP系統。

➢ **SAP R/3:** 在1997年，當SAP轉換到client server架構，稱為SAP R/3 (3 Tier Architecture)。也稱MySAP business suite。

➢ **SAP ECC:** SAP推出了6.0的新版本，並將其更名為ECC (ERP Core Component)。

➢ **SAP Business Suite on HANA:** 介於S/4 HANA 和 ECC 6 EHP7 之間的版本，具備HANA的功能或提高效能。

➢ **SAP S/4 HANA:** SAP推出自己可以處理大數據的HANA資料庫 (以前大多搭配Oracle資料庫)，並將其ERP產品遷移到HANA。

➢ **SAP S/4 HANA on cloud:** S/4 HANA 也可以在雲上使用，它被稱為S/4 HANA cloud。

SAP 整合功能架構圖

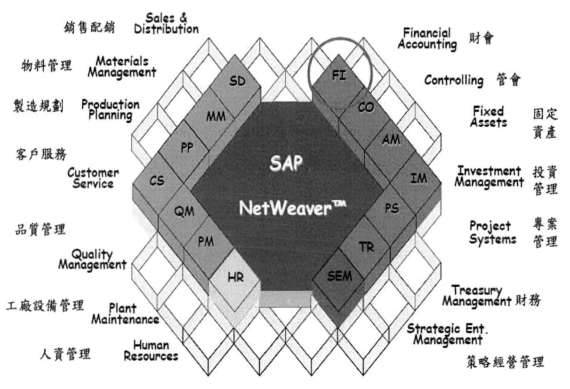

資料來源: SAP

以SAP查核為例--SAP資料關連圖

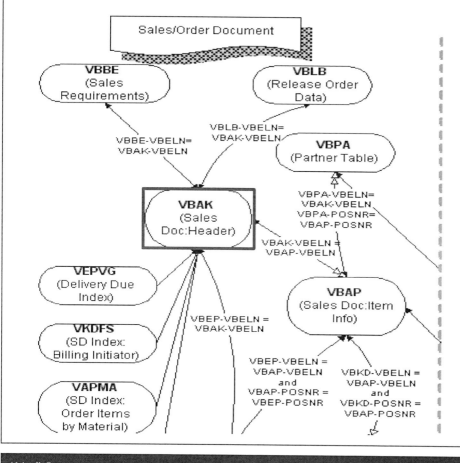

資料擷取方法:

1. 利用TCODE
   --SE11、SE16

2. JCAATs SAP
   連結器

以SAP查核為例--SAP資料關連圖

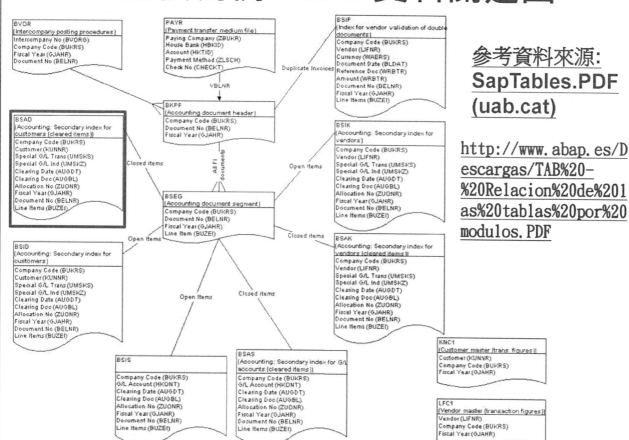

參考資料來源:
**SapTables.PDF
(uab.cat)**

http://www.abap.es/D
escargas/TAB%20-
%20Relacion%20de%201
as%20tablas%20por%20
modulos.PDF

SAP ERP 查核項目

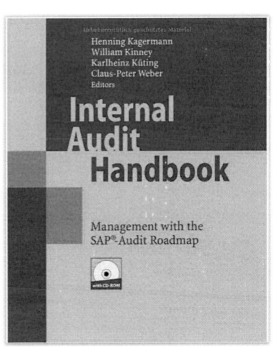

294 頁　　　　　　　　　　　608 頁

 | **AI Audit Expert**

上機演練一：
使用資料倉儲
取得查核資料

Step1：新增專案

- 選取專案→新增專案

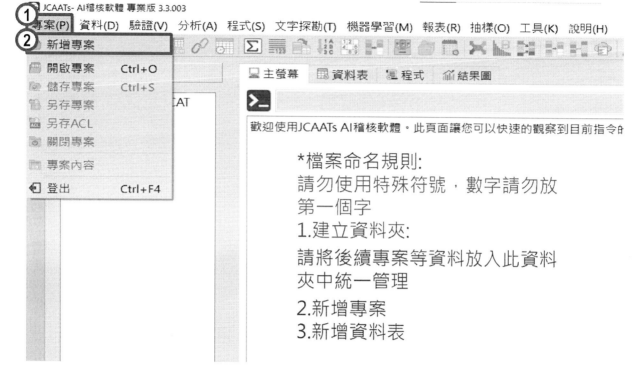

*檔案命名規則:
請勿使用特殊符號，數字請勿放
第一個字
1.建立資料夾:
請將後續專案等資料放入此資料
夾中統一管理
2.新增專案
3.新增資料表

57

Step2：複製另一專案資料表

- 選取資料→複製另一專案資表

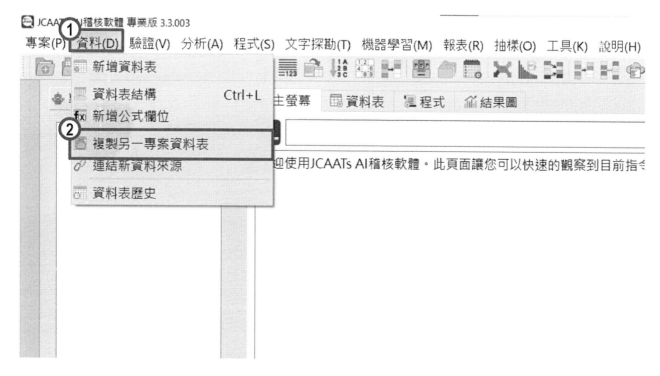

58

Step3：複製查核資料表

- 複製所需查核資料表

Step4：連結新資料來源

- 選取資料→連結新資料來源(.JFIL)

Step5：選取連結資料來源

- 選取專案資料夾下的各.JFIL作為來源資料檔

61

完成資料表格式與來源資料檔的連結

※資料筆數：171

PS. 請參照以上方法逐一將需要資料完成連結，並驗證資料筆數正確

62

上機演練二:
客戶資料重複性查核

稽核流程圖

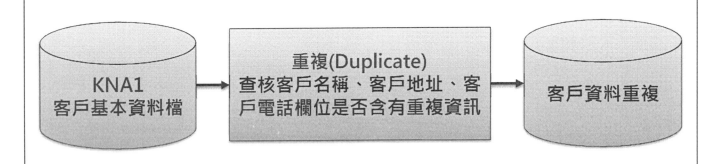

| KNA1 客戶基本資料檔 | → | 重複(Duplicate) 查核客戶名稱、客戶地址、客戶電話欄位是否含有重複資訊 | → | 客戶資料重複 |

Step1：驗證資料表

- 開啟查核資料表
  客戶基本資料檔
  (KNA1)
- 選取驗證
  重複指令

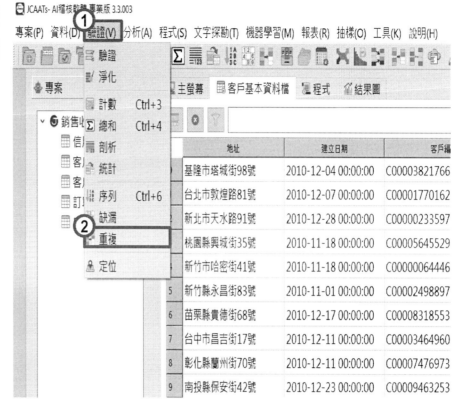

65

Step2：選取驗證重複(Duplicate)欄位

- 點選「重複...」
  進入關鍵欄位選
  擇介面
- 選取驗證欄位
  1.地址
  2.客戶名稱
  3.電話
- 點選確定

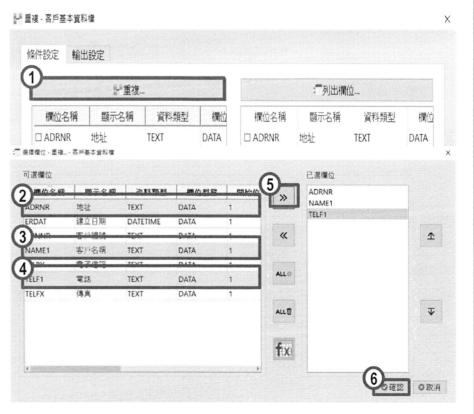

66

Step3：選取列出欄位

- 點選「**列出欄位 ...**」進入欄位選擇介面
- 選取驗證欄位 **全部**
- 點選確定

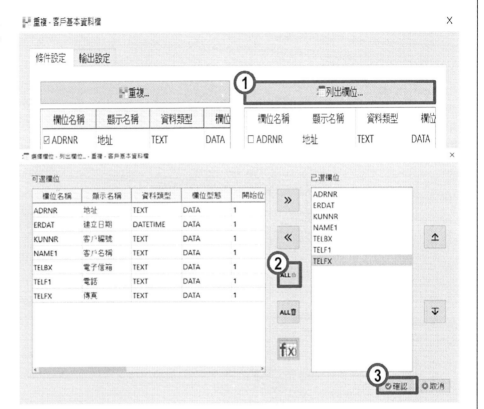

67

Step4：重複(Duplicate)指令輸出設定

- 輸出至資料表 **客戶資料重複**
- 點選確定

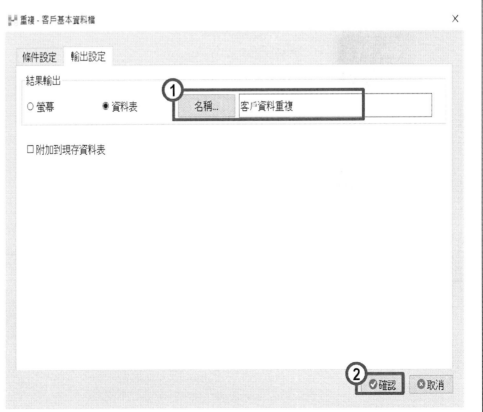

68

Step5：結果檢視

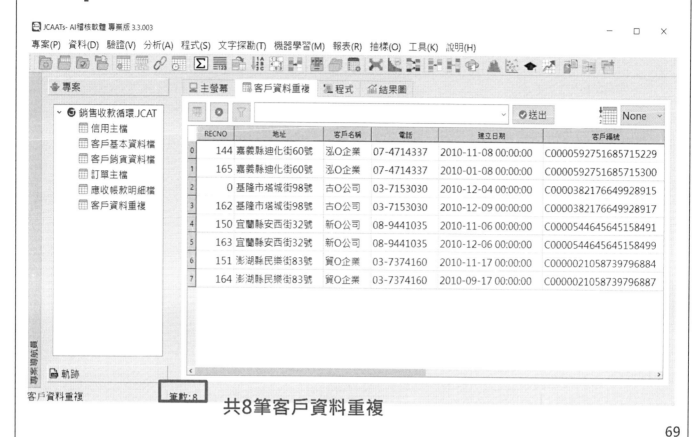

專案(P) 資料(D) 驗證(V) 分析(A) 程式(S) 文字探勘(T) 機器學習(M) 報表(R) 抽樣(O) 工具(K) 說明(H)

	主螢幕	客戶資料重複	程式	結果圖		

送出 None

RECNO	地址	客戶名稱	電話	建立日期	客戶編號
0	144	嘉義縣迪化街60號	泓O企業	07-4714337	2010-11-08 00:00:00	C0000592751685715229
1	165	嘉義縣迪化街60號	泓O企業	07-4714337	2010-01-08 00:00:00	C0000592751685715300
2	0	基隆市塔城街98號	古O公司	03-7153030	2010-12-04 00:00:00	C0000382176649928915
3	162	基隆市塔城街98號	古O公司	03-7153030	2010-12-09 00:00:00	C0000382176649928917
4	150	宜蘭縣安西街32號	新O公司	08-9441035	2010-11-06 00:00:00	C0000544645645158491
5	163	宜蘭縣安西街32號	新O公司	08-9441035	2010-12-06 00:00:00	C0000544645645158499
6	151	澎湖縣民樂街83號	貿O企業	03-7374160	2010-11-17 00:00:00	C0000021058739796884
7	164	澎湖縣民樂街83號	貿O企業	03-7374160	2010-09-17 00:00:00	C0000021058739796887

專案

∨ 銷售收款循環.JCAT
　　信用主檔
　　客戶基本資料檔
　　客戶銷貨資料檔
　　訂單主檔
　　應收帳款明細檔
　　客戶資料重複

軌跡

客戶資料重複　　　　筆數：8

共8筆客戶資料重複

69

AI Audit Expert

上機演練三：
客戶資料完整性查核

70

稽核流程圖

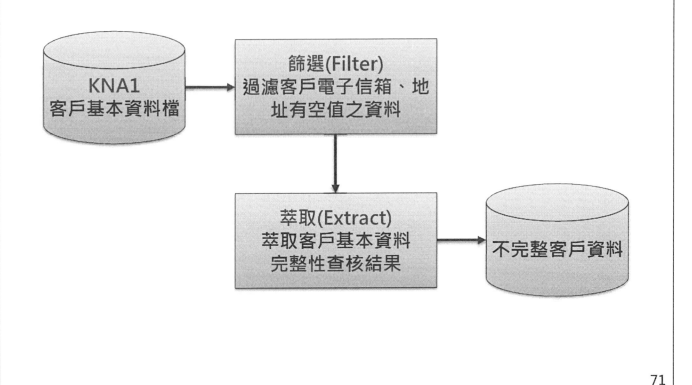

Step1：篩選(Filter)資料表

- 開啟查核資料表
  **客戶基本資料檔
  (KNA1)**
- 點選「▽」進行
  篩選條件設定

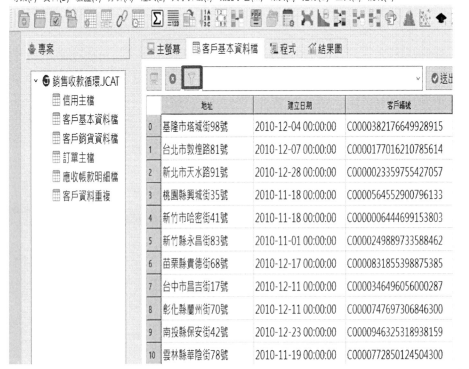

Step2：設定篩選(Filter)條件

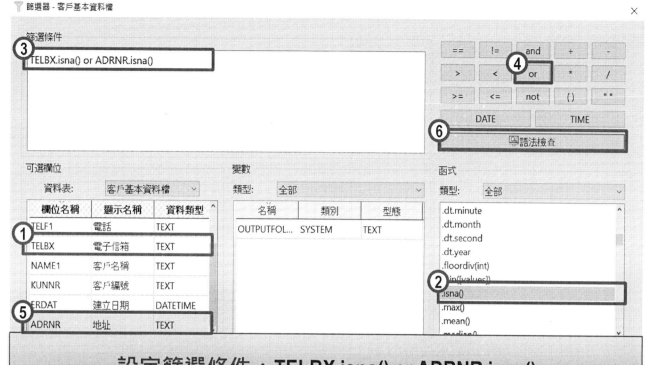

設定篩選條件：**TELBX.isna() or ADRNR.isna()**

Step3：萃取(Extract)資料表

- 點選報表，萃取篩選結果

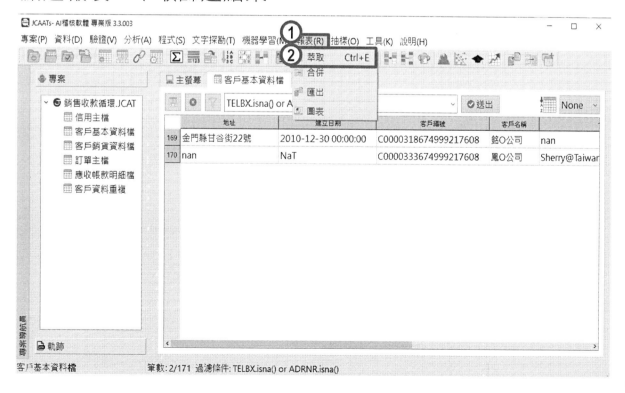

Step4：萃取(Extract)指令參數設定

- 選取萃取欄位
  所有欄位
- 輸出至資料表
  不完整客戶資料
- 點選確定

Step5：結果檢視

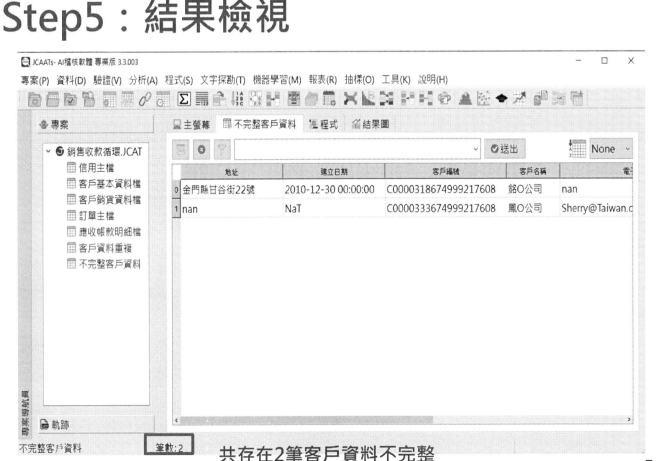

共存在2筆客戶資料不完整

上機演練四:
幽靈客戶查核

稽核流程圖

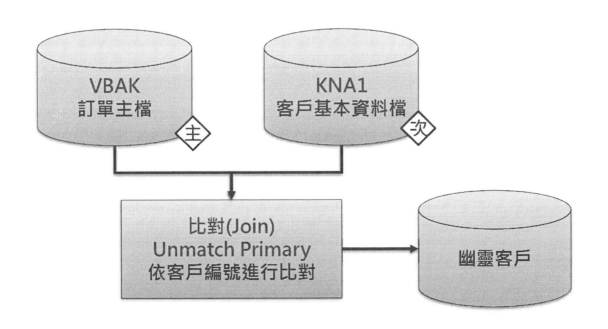

Step1：比對(Join)資料表

- 開啟查核資料表
  訂單主檔(VBAK)
- 點選分析→比對

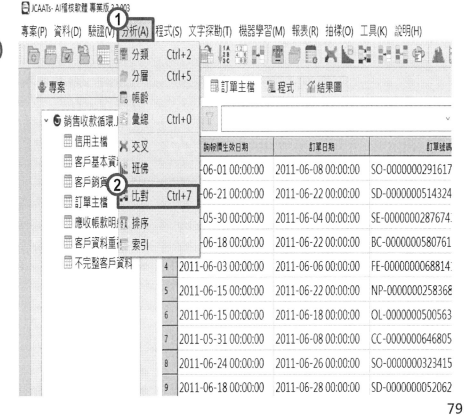

Step2：設定查核主次表

- 選擇主表
  訂單主檔(VBAK)
- 選擇次表
  客戶基本資料檔
  (KNA1)

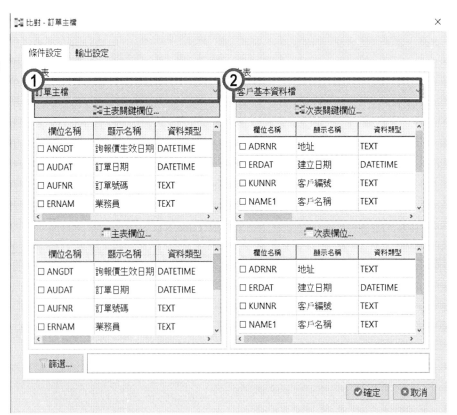

Step3：選擇查核關鍵欄位

- 設定主表關鍵欄位
  客戶編號(KUNNR)
- 設定次表關鍵欄位
  客戶編號(KUNNR)

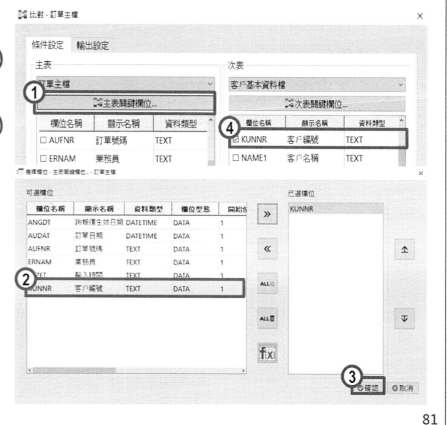

81

Step4：列出需要欄位

- 選取主表欄位
  全選
- 選取次表欄位
  不選

82

Step5：比對(Join)指令輸出設定

- 輸出至資料表
  幽靈客戶
- 選擇比對類型
  Unmatch Primary
- 點選確定

83

Step6：結果檢視

JCAATs- AI稽核軟體 專業版 3.3.003

專案(P) 資料(D) 驗證(V) 分析(A) 程式(S) 文字探勘(T) 機器學習(M) 報表(R) 抽樣(O) 工具(K) 說明(H)

主螢幕　幽靈客戶　程式　結果圖

	客戶編號	詢報價生效日期	訂單日期	訂單號碼
0	C0000115224983227457	2011-06-28 00:00:00	2011-07-06 00:00:00	FE-000000010113916176(
1	C0000293591352281454	2011-07-04 00:00:00	2011-07-08 00:00:00	CC-000000064819276389
2	C0000300303114810998	2011-06-30 00:00:00	2011-07-08 00:00:00	OL-000000040560357517-
3	C0000332959290856666	2011-06-28 00:00:00	2011-07-06 00:00:00	BC-000000097230035385-
4	C0000346496056000254	2011-05-31 00:00:00	2011-06-08 00:00:00	CC-000000064680568918
5	C0000485630602669987	2011-07-01 00:00:00	2011-07-06 00:00:00	CC-000000001285026100
6	C0000682982010005444	2011-07-02 00:00:00	2011-07-08 00:00:00	CC-000000001887552554
7	C0000692549299208888	2011-07-06 00:00:00	2011-07-08 00:00:00	OL-000000068101309742-
8	C0000778274924356974	2011-06-27 00:00:00	2011-07-08 00:00:00	SD-000000887360993381-
9	C0000809666543625459	2011-06-30 00:00:00	2011-07-06 00:00:00	SE-00000029368964992
10	C0000866039945338755	2011-06-11 00:00:00	2011-06-18 00:00:00	CC-000000026177661010
11	C0000893708331765845	2011-07-03 00:00:00	2011-07-06 00:00:00	SO-000000027440728363

幽靈客戶　筆數:13　共13筆客戶需進行深入查核

84

上機演練五:
客戶信用額度查核

Copyright © 2023 JACKSOFT.

85

AI Audit Expert

Copyright © 2023 JACKSOFT.

稽核流程圖

查核程序一

BSAD
應收帳款明細檔
（主）

KNA1
客戶基本資料檔
（次）

比對(Join)
Matched Primary
依客戶編號進行比對

應收客戶明細
（主）

查核程序二

KNVV
客戶銷貨資訊檔
（次）

比對(Join)
Matched Primary
依客戶編號進行比對

客戶信用額度

86

稽核流程圖

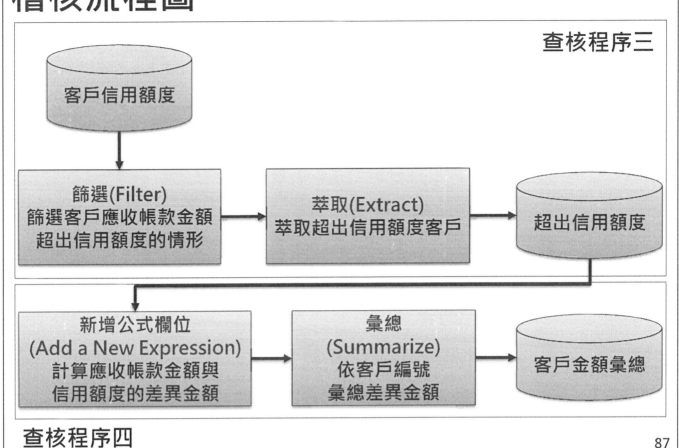

查核程序三

客戶信用額度

篩選(Filter)
篩選客戶應收帳款金額
超出信用額度的情形

萃取(Extract)
萃取超出信用額度客戶

超出信用額度

新增公式欄位
(Add a New Expression)
計算應收帳款金額與
信用額度的差異金額

彙總
(Summarize)
依客戶編號
彙總差異金額

客戶金額彙總

查核程序四

87

查核程序一：比對(Join)資料表

- 開啟查核資料表
  應收帳款明細檔
  (BSAD)
- 點選分析→比對

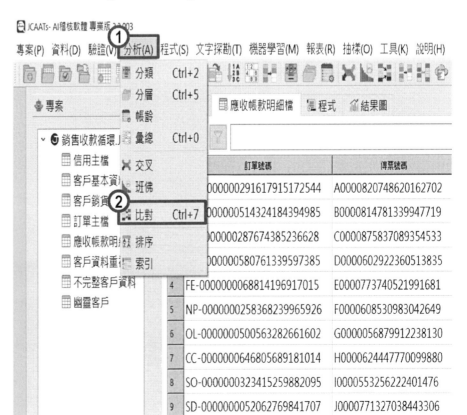

88

Step2：設定查核主次表

- 選擇主表
  應收帳款明細檔
  (BSAD)
- 選擇次表
  客戶基本資料檔
  (KNA1)

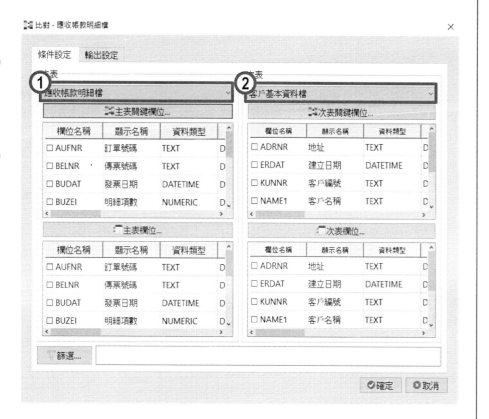

89

Step3：選擇查核關鍵欄位

- 設定主表關鍵欄位
  客戶編號(KUNNR)
- 設定次表關鍵欄位
  客戶編號(KUNNR)

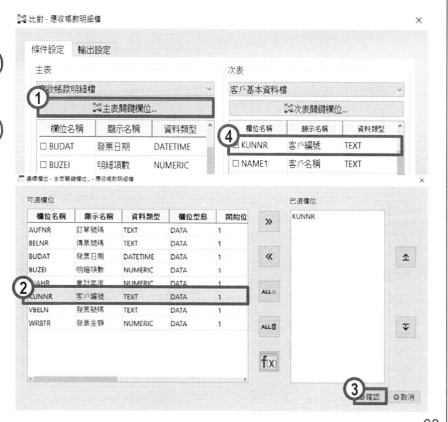

90

Step4：列出需要欄位

- 選取主表欄位
  全選
- 選取次表欄位
  客戶名稱
  (NAME1)

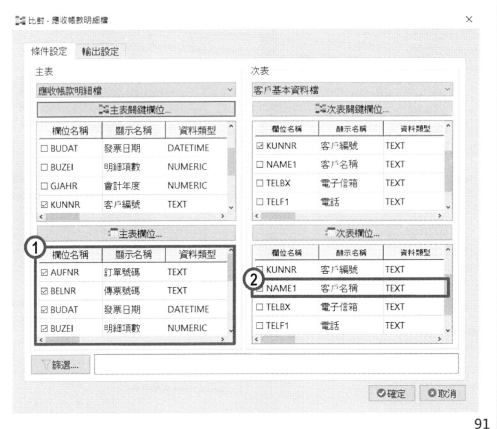

91

Step5：比對(Join)指令輸出設定

- 輸出至資料表
  應收客戶明細
- 選擇比對類型
  Matched Primary
  with the first
  Secondary
- 點選確定

92

Step6：比對(Join)後結果檢視

查核程序二：比對(Join)資料表

- 開啟查核資料表
  應收客戶明細
- 點選分析→比對

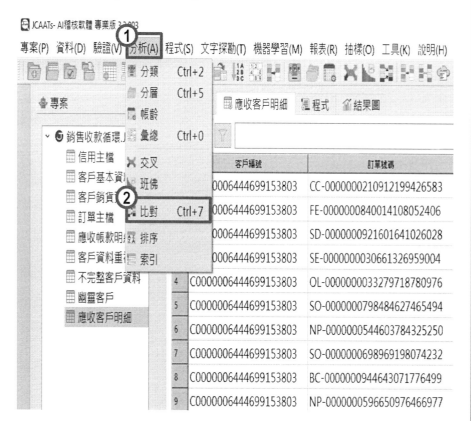

Step2：設定查核主次表

- 選擇主表
  應收客戶明細
- 選擇次表
  客戶銷貨資料檔
  (KNVV)

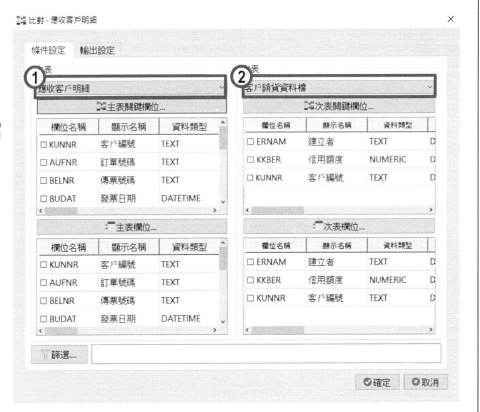

95

Step2：選擇查核關鍵欄位

- 設定主表關鍵欄位
  客戶編號(KUNNR)
- 設定次表關鍵欄位
  客戶編號(KUNNR)

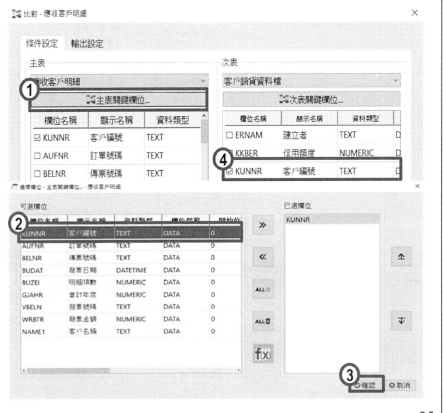

96

Step3：列出需要欄位

- 選取主表欄位
  全選
- 選取次表欄位
  信用額度(KKBER)

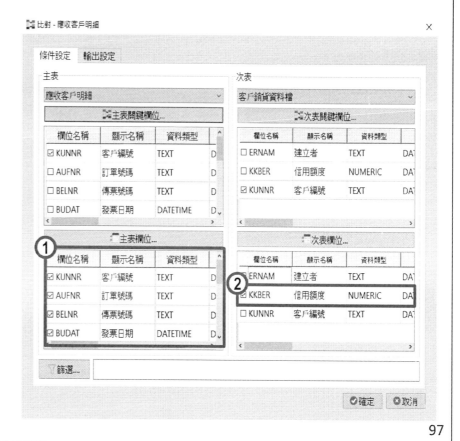

Step4：比對(Join)指令輸出設定

- 輸出至資料表
  客戶信用額度
- 選擇比對類型
  Matched Primary with the first Secondary
- 點選確定

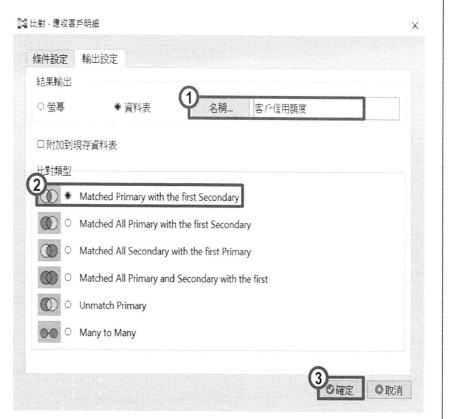

Step6：比對(Join)後結果檢視

查核程序三：篩選(Filter)資料表

- 開啟查核資料表
  客戶信用額度
- 點選「 ▽ 」進行
  篩選條件設定

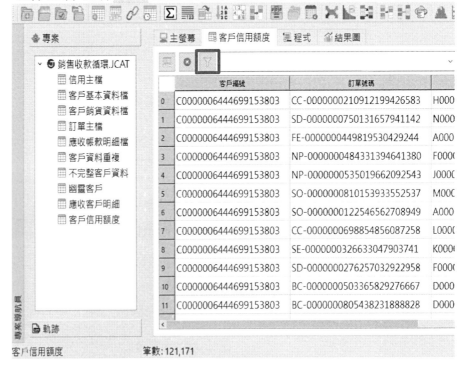

Step2：設定篩選(Filter)條件

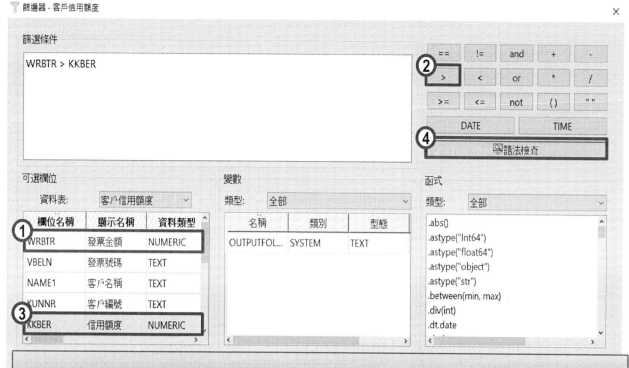

設定篩選條件：WRBTR發票金額 > KKBER信用額度

101

Step3：結果檢視

共21,090筆資料超出信用額度

102

Step4：萃取(Extract)資料表

- 點選報表，萃取篩選結果

Step5：萃取(Extract)指令參數設定

- 選取萃取欄位
  所有欄位
- 輸出至資料表
  超出信用額度
- 點選確定

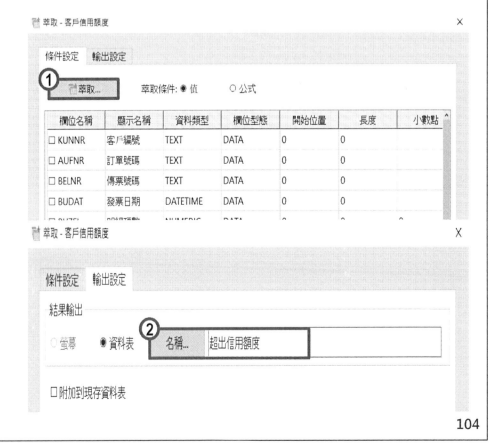

查核程序四：新增公式欄位

- 點選資料，新增公式欄位

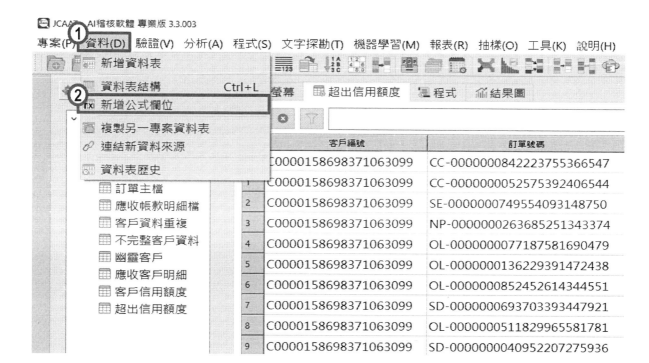

105

Step1：欄位定義

- 定義欄位名稱
  差異金額
- 設定資料類型
  NUMERIC
- 點選「f(x)初始值」

106

Step2：參數設定

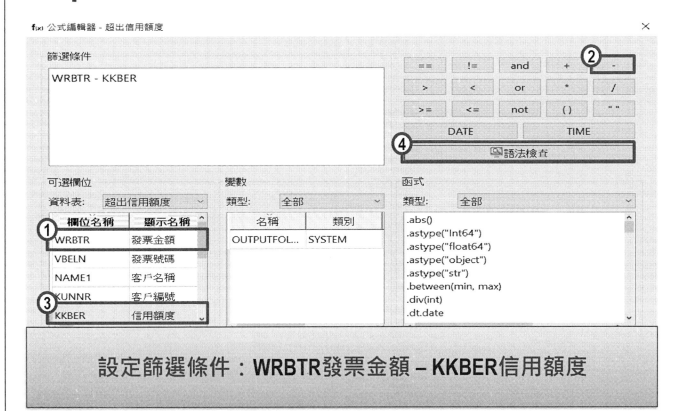

設定篩選條件：**WRBTR發票金額 – KKBER信用額度**

Step3：欄位檢視

Step4：彙總(Summarize)資料表

- 開啟查核資料表
  超出信用額度
- 點選分析→彙總

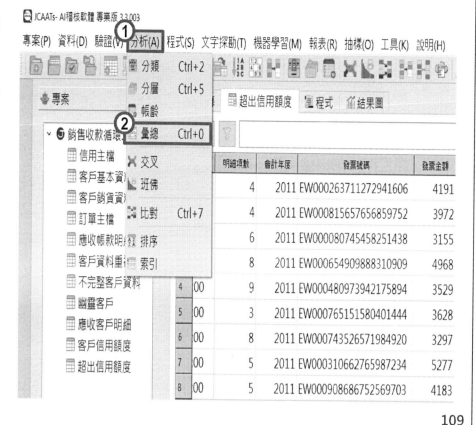

Step5：彙總(Summarize)參數設定

- 設定彙總關鍵欄位
  客戶編號(KUNNR)
- 選擇小計欄位
  差異金額
- 選擇列出欄位
  客戶名稱(NAME1)

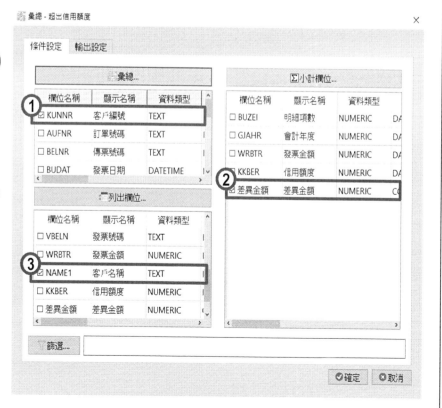

Step6：輸出設定

- 輸出至資料表
  客戶金額彙總
- 點選確定

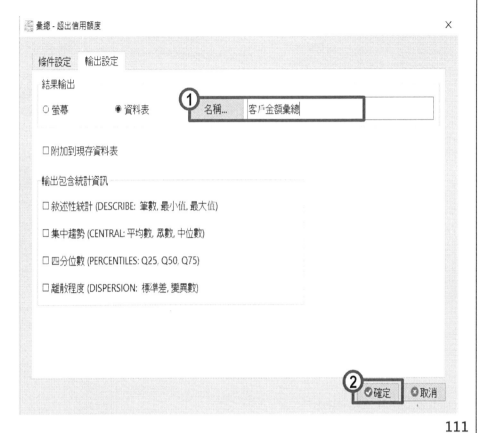

111

Step7：結果檢視

JCAATs- AI稽核軟體 專業版 3.3.003   □   ×

專案(P) 資料(D) 驗證(V) 分析(A) 程式(S) 文字探勘(T) 機器學習(M) 報表(R) 抽樣(O) 工具(K) 說明(H)

◆專案 | 🖵主螢幕   📖客戶金額彙總   🗐程式   🏛結果圖

∨ ⑤ 銷售收款循環.JCAT
　　🗐 信用主檔
　　🗐 客戶基本資料檔
　　🗐 客戶銷貨資料檔
　　🗐 訂單主檔
　　🗐 應收帳款明細檔
　　🗐 客戶資料重複
　　🗐 不完整客戶資料
　　🗐 幽靈客戶
　　🗐 應收客戶明細
　　🗐 客戶信用額度
　　🗐 超出信用額度
　　🗐 客戶金額彙總

	客戶名稱	差異金額_sum	COUNT_sum
0	科O企業	5,266,799	4,234
1	法O公司	845,028	1,706
2	隆O企業	13,556,066	6,747
3	歐O企業	5,231,028	4,211
4	香O公司	5,254,416	4,192

🖹 軌跡

客戶金額彙總   筆數:5   **共5筆客戶超出信用額度**

112

上機演練六:
集團信用額度查核

113

稽核流程圖

查核程序一

應收客戶明細　→　主

KNKK
信用主檔　→　次

→ 比對(Join)
Matched Primary
依客戶編號進行比對

→ 客戶信用比對

→ 彙總(Summarize)
依客戶信用群組
彙總發票金額

→ 彙總信用額度

114

稽核流程圖

查核程序二

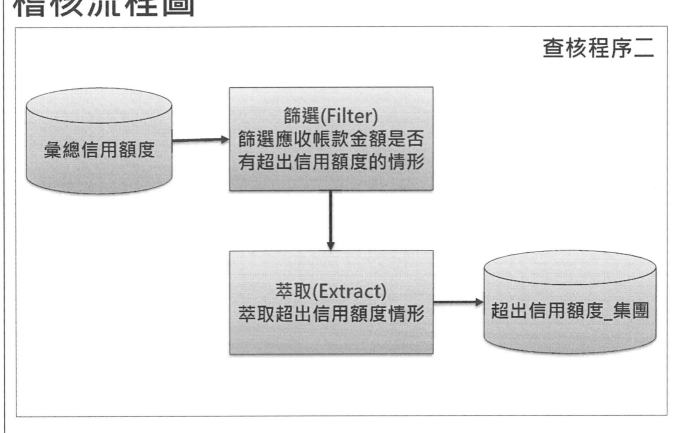

115

查核程序一：比對(Join)資料表

- 開啟查核資料表
  應收客戶明細
- 點選分析→比對

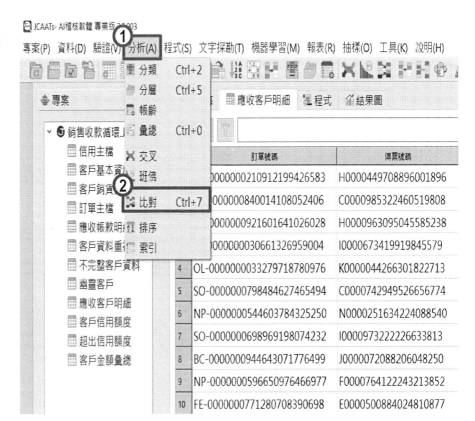

116

Step2：設定查核主次表

- 選擇主表
  應收客戶明細
- 選擇次表
  信用主檔
  (KNKK)

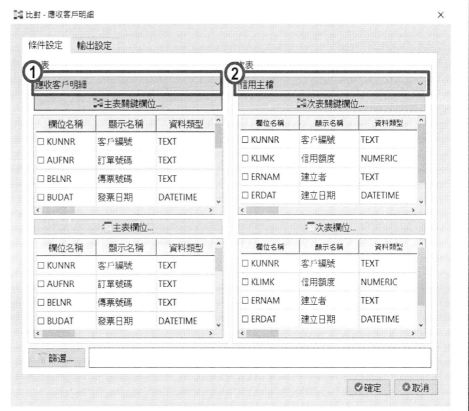

Step3：選擇查核關鍵欄位

- 設定主表關鍵欄位
  客戶編號(KUNNR)
- 設定次表關鍵欄位
  客戶編號(KUNNR)

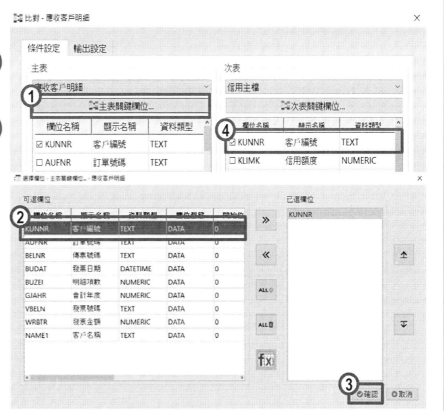

Step4：列出需要欄位

- 選取主表欄位全選
- 選取次表欄位
  1. 信用額度
  2. 客戶信用群組

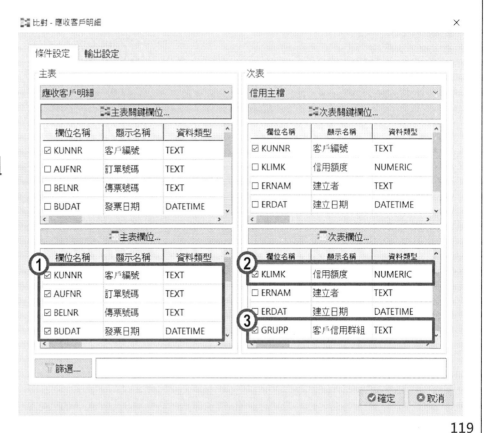

Step5：比對(Join)指令輸出設定

- 輸出至資料表
  客戶信用比對
- 選擇比對類型
  Matched Primary with the First Secondary
- 點選確定

Step6：彙總(Summarize)資料表

- 開啟查核資料表客戶信用比對
- 點選分析→彙總

121

Step7：彙總(Summarize)參數設定

- 設定彙總關鍵欄位客戶信用群組(GRUPP)
- 選擇小計欄位發票金額(WRBTR)
- 選擇列出欄位信用額度(KLIMK)

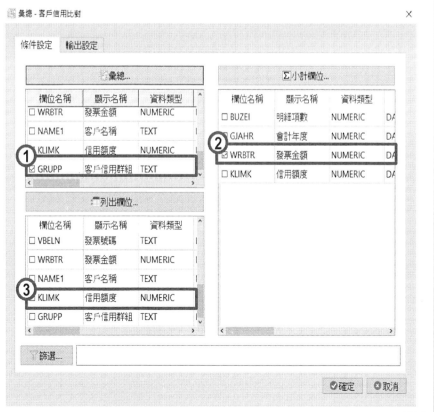

122

Step8：輸出設定

- 輸出至資料表
  彙總信用額度
- 點選確定

查核程序二：篩選(Filter)資料表

- 開啟查核資料表
  彙總信用額度
- 點選「 ▽ 」進行
  篩選條件設定

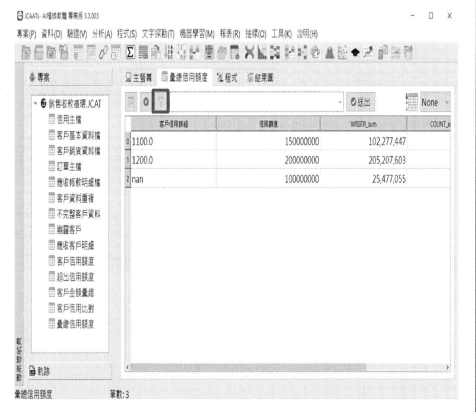

Step2：設定篩選(Filter)條件

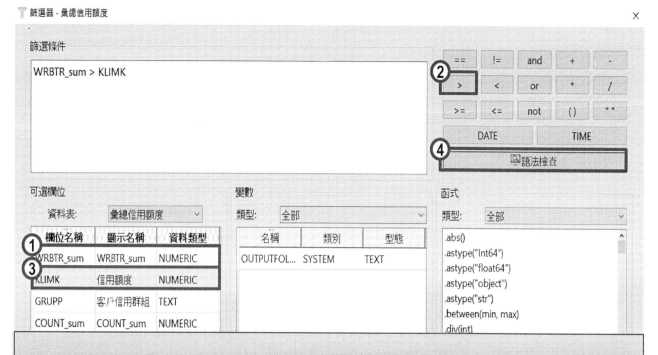

設定篩選條件：WRBTR_sum應收帳款合計數> KLIMK信用額度

125

Step3：篩選(Filter)結果檢視

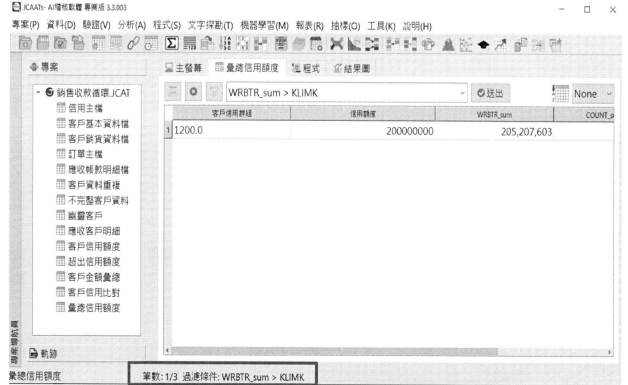

共1筆客戶超出信用額度

126

Step4：萃取(Extract)資料表

- 點選報表→萃取

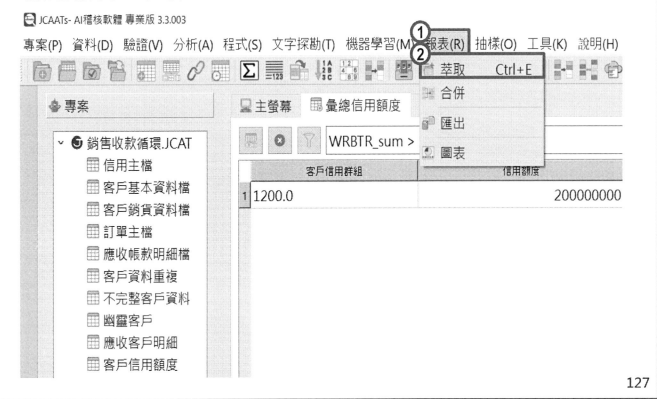

127

Step5：萃取(Extract)指令參數設定

- 選取萃取欄位
  所有欄位
- 輸出至資料表
  超出信用額度_集團
- 點選確定

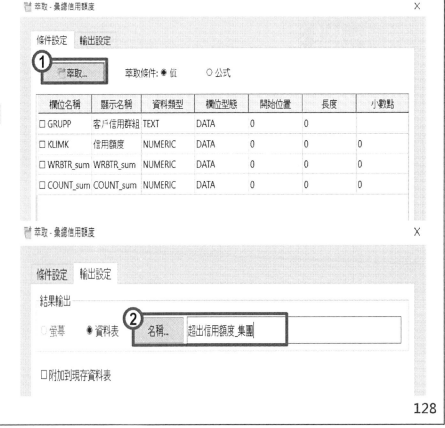

128

Step6：結果檢視

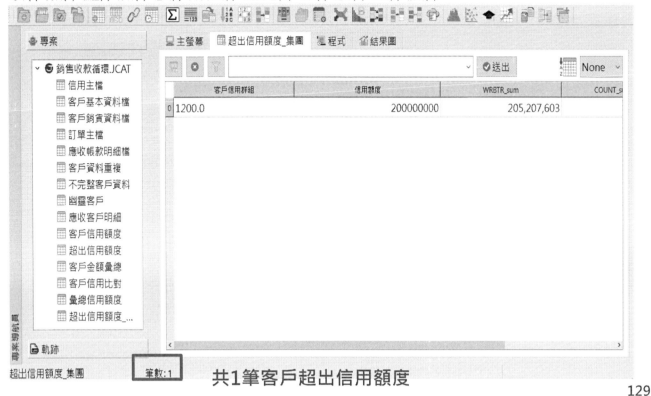

| AI Audit Expert

上機演練七:
AI稽核:
運用文字探勘情緒分析
進行客戶信用調查異常查核

Copyright © 2023 JACKSOFT.

稽核流程圖

查核程序一

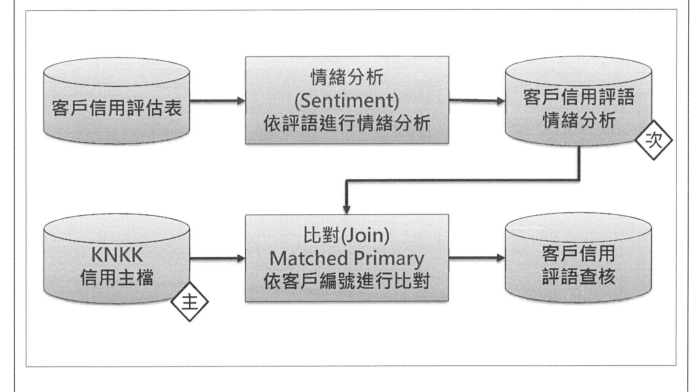

131

稽核流程圖

查核程序二

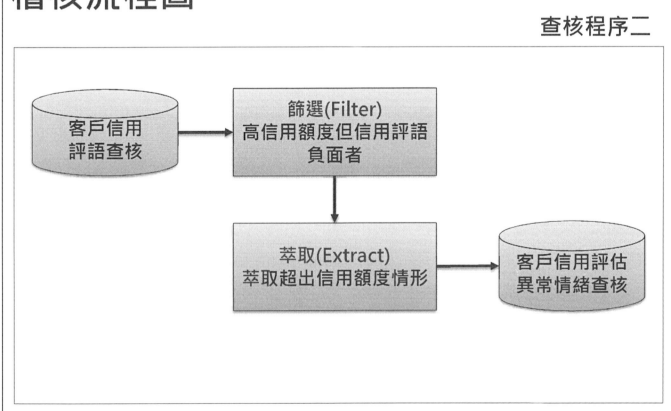

132

查核程序一：
Step 1:文字探勘情緒分析(Sentiment)

- 開啟查核資料表
  客戶信用評估表
- 點選文字探勘
  →情緒分析

*以上針對客戶調查報告摘錄調查評
語，可能存放於公司CRM系統中或調
查人員以文檔方式存放

Step2：情緒分析(Sentiment)條件設定

- 設定分析關鍵欄位
  評語
- 設定最小字元數：2
- 設定語言
  Chinese
- 選擇列出欄位
  全部

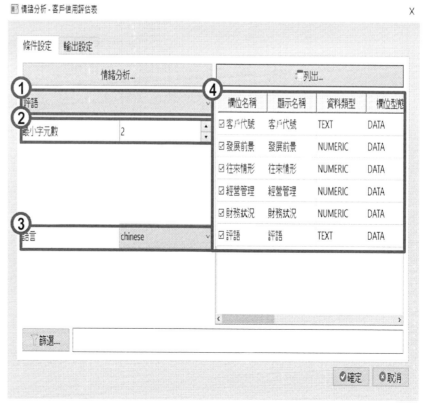

Step3：情緒分析(Sentiment)輸出設定

- 輸出至資料表
彙總信用額度
- 點選確定

135

Step4：客戶信用評語情緒分析結果

136

情緒分析輸出結果-補充說明

- Text_token：句子中文字象徵判斷結果。

- pos：語句中正面詞彙得分數。

- neg：語句中負面詞彙得分數。

- compound：加總分數pos 與neg的總分。

- Sentiment：詞性，
  neutral為中性詞、
  negative為負面詞、
  positive為正向詞

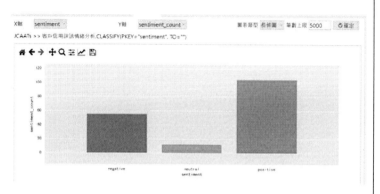

JCAATs >> 客戶信用評語情緒分析.CLASSIFY(PKEY="sentiment", TO="")
Table：客戶信用評語情緒分析
Note: 2023/08/08 19:29:08
Result - 筆數：3

sentiment	sentiment_count	Percent_of_count
negative	55	32.16
neutral	12	7.02
positive	104	60.82

137

Step5：比對(Join)資料表

- 選擇主表
  信用主檔
- 選擇次表
  客戶信用評語
  情緒分析
- 主表關鍵欄位:
  客戶編號
- 次表關鍵欄位:
  客戶代號
- 主表欄位:
  列出全部欄位
- 次表欄位:
  1.評語
  2.sentiment

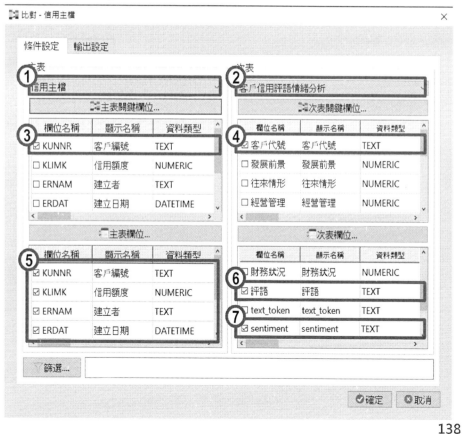

138

Step6：比對(Join)指令輸出設定

- 輸出至資料表
  客戶信用評語查核
- 選擇比對類型
  Matched Primary with the First Secondary
- 點選確定

139

Step7：比對(Join)結果檢視

140

查核程序二：Step 1 : 篩選(Filter)資料表(高信用額度但信用評語負面者)

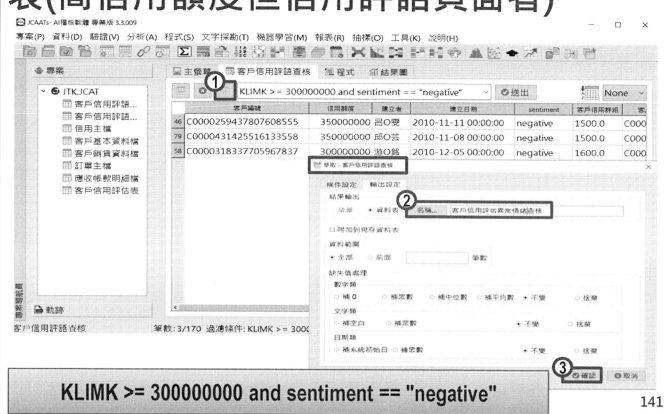

KLIMK >= 300000000 and sentiment == "negative"

141

Step2 : 查核結果檢視

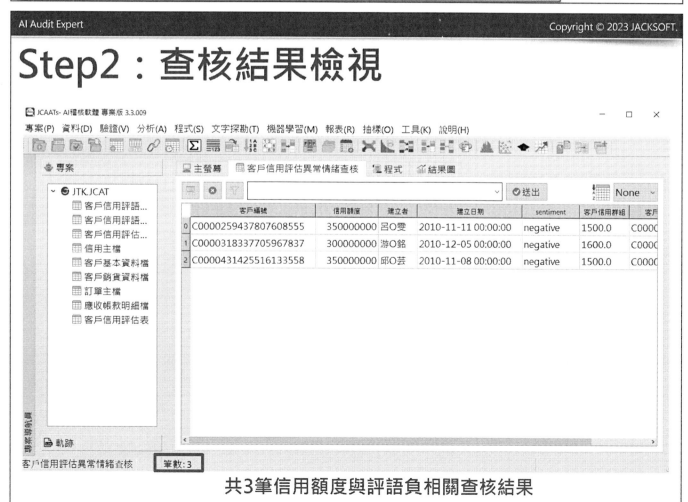

共3筆信用額度與評語負相關查核結果

142

JCAATs 情緒字典

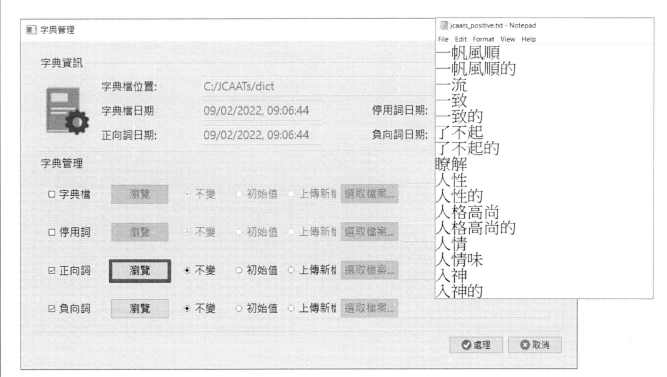

*JCAATs 情緒字典預設值係參考:
台大 情緒字典設定‧JCAATs 專業版提供自行調整設定相關功能

補充說明:
文字斷詞的技術百科

- **英文:** 常用的方法稱為NLTK, 它可以透過詞性幫助我們了解詞語狀態和在詞語間的順序等。
- **中文:** 常用的方法稱為Jieba,透過字典與其他自然語言的人工智慧方式協助。

中文斷詞範例:

未來將有更多汽車擁有自動駕駛技術

X ['未來','將','有','更多','汽車','擁有','自動','駕駛','技術']

O ['未來','將','有','更多','汽車','擁有','自動駕駛技術']

斷詞分析 – 文字分析踏出的第一步

- 切分詞彙後僅能再透過人力分辨詞意/文意，判斷不慎，甚至會誤解資料本身的意義，然而，透過斷詞分析建立資料，進而透過自然語言處理(NLP)，由機器更精準的判斷文意以及情緒分析，是現正產業都埋頭研究的趨勢。

- 例如：

   僅透過斷詞分析判斷正負向詞彙：

   「這」「部」「電影」「很」「好看」→正向

   「阿」「不」「就」「好棒」「棒」→誤判為正向

如何調整斷詞的準確度?

- 調整標準字典檔：

  –加入自訂關鍵字或領域內的關鍵字等字典檔內。

  –檢查目前的字典檔是否有不適合的字詞。

- 調整停用詞的詞庫檔：

  –加入不需要的停用詞到停用詞的詞庫檔內。

  –檢查目前的字典檔是否有不適合的字詞。

提升準確度的方法: 文字字典

- 不同於英文會透過空格分割詞彙，中文詞與詞連結的特性，使**我們需要建立字典讓文字分析程式能夠正確切分詞彙**。
  - 英文：I believe I can fly.
    → " I " , " believe" , " I" , " can" , " fly"
  - 中文：我相信我可以飛。
    → 「我」、「相信」、「我」、「可以」、「飛」
- 根據領域不同，建立字典(語料庫)，藉以建立正確分詞，例如：未建立字典之前，「資產負債表」可能會被切分成：「資產」、「負債」、「表」，但當我們把這個詞彙建立在字典時，就能讓文字分析程式正確切分詞彙：「資產負債表」

147

提升準確度的方法: 停用詞

- 在一段訊息、文章當中都有很多連結詞、對文字分析欲達到的目的本身沒有幫助的詞彙，比如「我」、「他」、「而且」、「然後」、「了」等等，會在文字分析時誤判為重要詞彙，然而擷取出來之後卻無法代表語意/文意，所以我們除了需要建立字典(語料庫)，**也應要建立停用詞字典，藉此避免分析出無用的資訊**。

148

SAP ERP 資料
萃取方法補充說明

Copyright © 2023 JACKSOFT.

1. T_CODE下載 (SAP S/4 與ECC6

2. JCAATs SAP ODBC Connector

149

若您使用SAP S/4 要將列表資料匯出到Excel:
Step1：Download 下載將列表內容儲存於檔案中
Step2: 選擇存檔格式 (Text with Tabs)

T_COD
E下載:
SE16

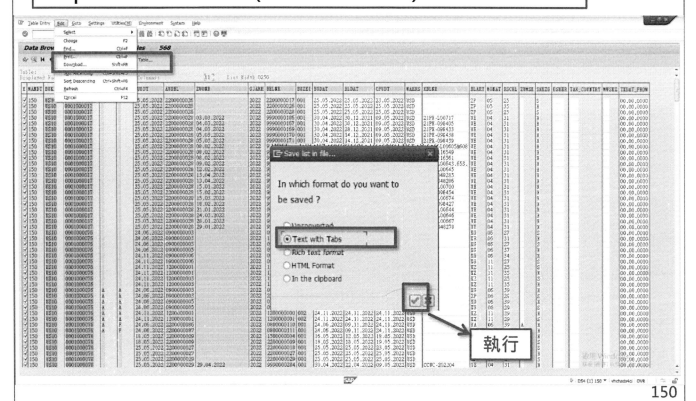

執行

150

若您使用SAP ECC6 要將列表資料匯出到Excel:
Step1: Download 下載將列表內容儲存於檔案中
Step2: 選擇存檔格式 Spreadsheet

T_COD
E下載:
SE16

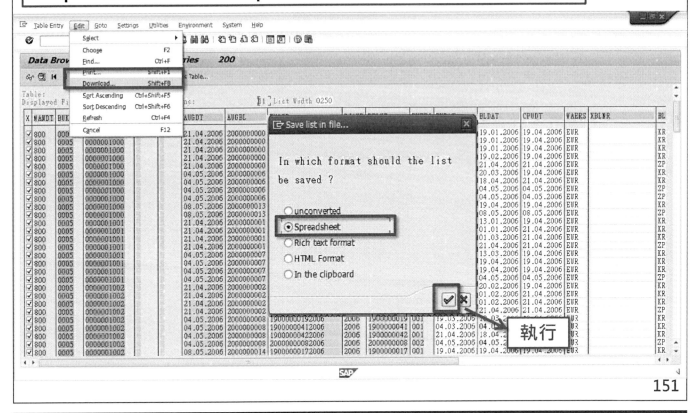

151

檔案名稱要存成 .xls 格式的檔，即可以在
Excel上打開此檔

T_CODE
下載:
SE16

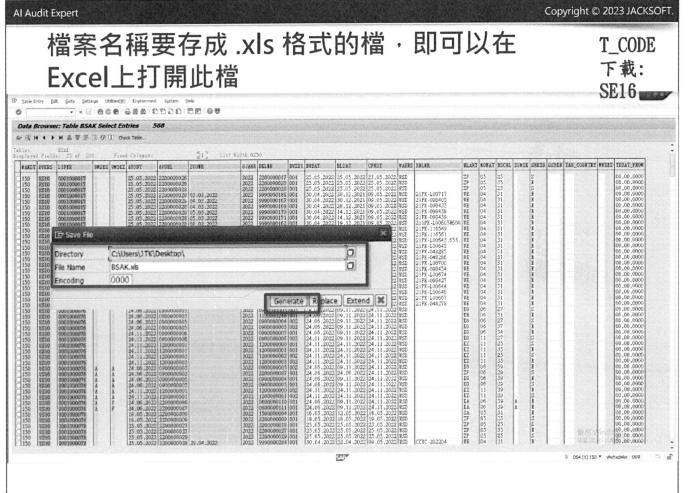

152

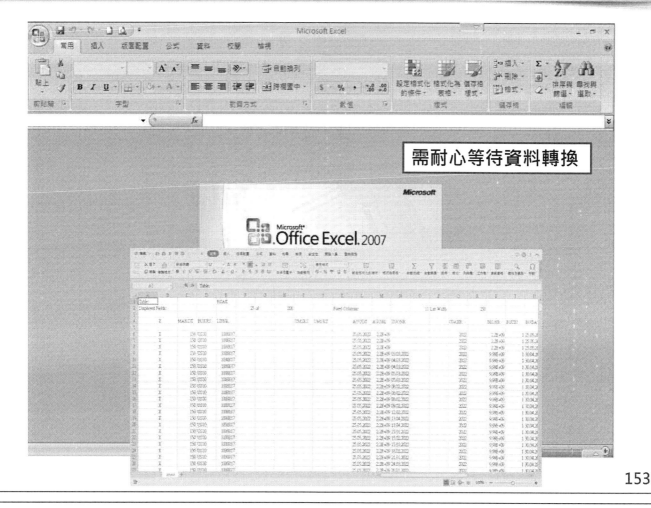

需耐心等待資料轉換

 AI Audit Expert

JCAATs
SAP ERP 稽核
資料倉儲解決方案

SAP ERP 電腦稽核現況與挑戰

- 查核項目之評估判斷
- 大量的系統畫面檢核與報表分析
- SAP資料庫之資料表數量龐大且關係複雜

- 資料庫權限控管問題
- 可能需下載大量記錄資料
- SAP系統效能的考量

稽核資料倉儲

提高各單位生產力與加快營運知識累積與發揮價值

- 依據國際IIA 與 AuditNet 的調查，分析人員進行電腦資料分析與檢核最大的瓶頸來至於資料萃取，而營運分析資料倉儲建立即可以解決此問題，使分析部門快速的進入到持續性監控的運作環境。

- 營運分析資料倉儲技術已廣為使用於現代化的企業，其提供營運分析部門將所需要查核的相關資料進行整合，提供營運分析人員可以獨立自主且快速而準確的進行資料分析能力。

- 可減少資料下載等待時間、資料管理更安全、分析與檢核底稿更方便分享、24小時持續性監控效能更高。

建構稽核資料倉儲優點

	特性	建構稽核資料倉儲優點	未建構缺點
1	資訊安全管理	區別資料與查核程式於不同平台，資訊安全管理較嚴謹與方便	混合查核程式與資料，資訊安全管理較複雜與困難
2	磁碟空間規劃	磁碟空間規劃與管理較方便與彈性	較難管理與預測磁碟空間需求
3	異質性資料	因已事先處理，稽核人員看到的是統一的資料格式，無異質性的困擾	稽核人員需對異質性資料處理，有技術性難度
4	資料統一性	不同的稽核程式，可以方便共用同一稽核資料	稽核資料會因不同分析程式需要而重複下載
5	資料等待時間	可事先處理資料，無資料等待問題	需特別設計
6	資料新增週期	動態資料新增彈性大	需特別設計
7	資料生命週期	可以設定資料生命週期，符合資料治理	需要特別設計
8	Email通知	可自動email 通知資料下載執行結果	需人工自行檢查
9	Window統一檔案權限管理	由Window作業系統統一檔案的權限管理，資訊單位可以透過AD有效確保檔案安全	資料檔案分散於各機器，管理較困難，或需購買額外設備管理

157

■持續性稽核/監控平台架構圖

1. 稽核知識管理與分享
2. 減少資料下載等待時間
3. 稽核資料管理更安全
4. 稽核底稿更方便分享
5. 24小時持續稽核效率更高

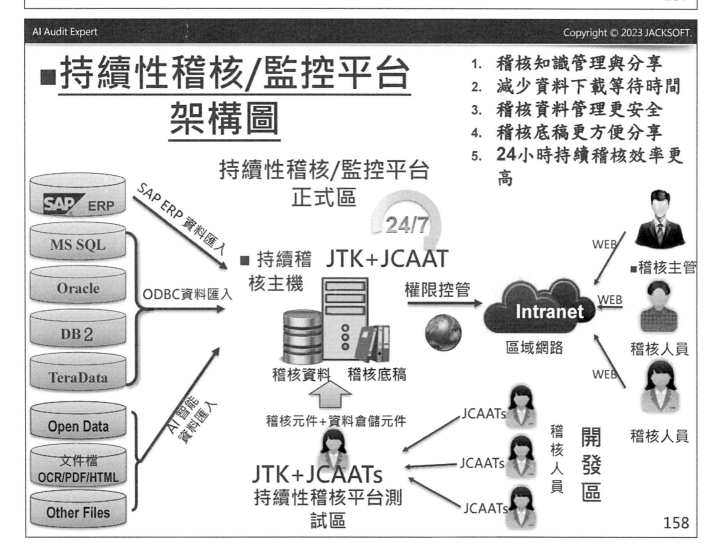

158

JCAATs
-SAP ERP資料
連結器資料下載

Copyright © 2023 JACKSOFT.

159

JCAATs SAP ERP資料連結器
匯入步驟說明:

一.JCAATs 專業版加購SAP ERP 資料連結器模組

二.JCAATs SAP ERP 資料連結器特色說明

三.如何快速進行SAP ERP資料下載步驟說明

(一)開啟JCAATs AI稽核軟體專案

(二)新增JCAATs 專案資料表

(三)啟動匯入精靈

　1) JCAATs SAP ERP 資料連結器設定

　2) 依通用稽核字典進行欄位檢索，選取查核標的

　3) JCAATs SAP ERP連結器使用介面

　4) JCAATs SAP ERP連結器資料匯入結果畫面

*以上實際操作使用方式，請JCAATs 專業版客戶，上AI稽核教育學院
　維護客戶服務專區觀看線上教學影片

160

SAP ERP 資料萃取特色比較

特色比較	SAP ERP 資料連結器	TCODE
智慧化查詢	多樣化查詢條件（可依表格名稱、描述、欄位名稱、欄位描述查詢）模組化查詢（依SAP連結器）預覽查詢結果	僅能輸入表格名稱查詢 僅能由SAP畫面表單欄位回查表格，無法模組查詢
便利化使用	資料下載匯入步驟簡易，只需點選下載按鈕，只需一步驟即可完成JCAATs資料下載與匯入	資料下載匯入步驟繁瑣：(1)下載為Excel檔、(2)去除Excel表頭資訊、(3)定義資料欄位格式匯入JCAATs
資料下載量	資料下載透過SAP ABAP程式 RFC接口方式來下載資料，相關下載資料大小限制，由SAP ERP Server來限制	即使新Excel版本可高達1,048,576筆資料，當處理大數據時仍會出現開啟和執行上的困難

161

SAP ERP 資料萃取特性比較

特色比較	SAP ERP 資料連結器	TCODE
效能提升性	傳統遠程訪問中，效能瓶頸可能會對應用程序造成災難性的影響，SAP ERP資料連結器透過**智能快取**和SAP RFC技術大大提升效能。	採平等優先權處理，造成系統因資源不足而效能降低。
獨立性	獨立於SAP系統，資料表格上的欄位可下載並匯入JCAATs。	屬於SAP功能之一，且可藉由撰寫程式隱藏資料欄位，獨立性無法確保。

持續性稽核及持續性監控管理架構

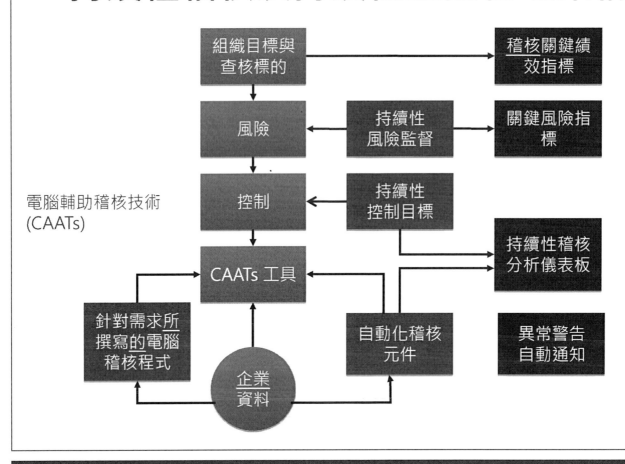

電腦輔助稽核技術
(CAATs)

163

如何建立JCAATs專案持續稽核

- 持續性稽核專案進行六步驟：

| 1 ● 資料 | 2 ● 程式 | 3 ● 設定 | 4 ● 排程 | 5 ● 執行 | 6 ● 通知 |

▲稽核自動化：

■ 電腦稽核主機 - 一天可以工作24 小時

164

建置持續性稽核APP的基本要件

- 將手動操作分析改為自動化稽核
  - 將專案查核過程轉為JCAATs Script
  - 確認資料下載方式及資料存放路徑
  - JCAATs Script修改與測試
  - 設定排程時間自動執行

- 使用持續性稽核平台
  - 包裝元件
  - 掛載於平台
  - 設定執行頻率

JACKSOFT的JBOT
客戶資料管理查核機器人範例

客戶資料管理查核機器人.exe

安裝

選取欲查核程式 - [JTK20221129110125] - JTK 專業版 Version 7.0

選取所需的查核程式
可動態的選取所要查核的項目，加速查核作業。

上一步　執行分析　專案存檔　取消

基本資料

專案名稱：	JTK20221129110125	資料來源：	資料倉儲
模組名稱：	法令遵循	建立時間：	2022/11/29 11:01:25
作業名稱：	異常帳戶管理作業查核		

欲查核之稽核程式

☑ 全選

選取	元件編號	元件名稱	稽核目
☑	JS1A0001	客戶資料缺漏驗證	查核客戶資料檔建檔資料是否有建檔資料缺漏
☑	JS1A0002	客戶資料重複性驗證	查核客戶資料檔建檔資料是否有重複建檔情形
☑	JS1A0003	幽靈客戶查核	比對訂單檔與客戶資料檔，將未對應客戶資料
☑	JS1A0004	客戶信用額度查核	比對應收帳款明細檔與客戶資料檔應收帳款是
☑	JS1A0005	集團信用額度查核	比對集團應收帳款是否有超過集團信用額度

JTK 持續性電腦稽核管理平台

超過百家客戶口碑肯定 持續性稽核第一品牌

無 縫 接 軌　AI 智 慧 稽 核 新 作 業 環 境

透過最新 AI 智能大數據資料分析引擎，進行持續性稽核 (Continuous Auditing) 與持續性監控 (Continuous Monitoring) 提升組織韌性，協助成功數位轉型，提升公司治理成效。

📁 海量資料分析引擎

利用CAATs不限檔案容量與強大的資料處理效能，確保100%的查核涵蓋率。

🔒 資訊安全 高度防護

加密式資料傳遞、資料遮罩、浮水印等資安防護，個資有保障，系統更安全。

🔭 多維度查詢稽核底稿

可依稽核時間、作業循環、專案名稱、分類查詢等角度查詢稽核底稿。

📊 多樣圖表 靈活運用

可依查核作業特性，適性選擇多樣角度，對底稿資料進行個別分析或統計分析。167

JTK 持續性電腦稽核管理平台

開發稽核自動化元件　　　經濟部發明專利第 I 380230號　　　稽核結果E-mail 通知

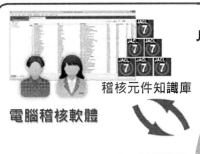

電腦稽核軟體

稽核元件知識庫

持續性電腦稽核/監控管理平台
Jacksoft ToolKits For Continuous Auditing, JTK

稽核知識管理　　　　異常報告分析

稽核自動化元件管理系統（後台）　　稽核自動化底稿管理系統（前台）

稽核人員

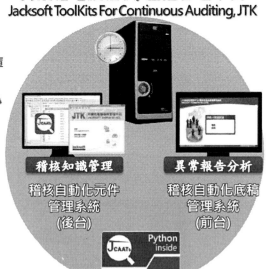

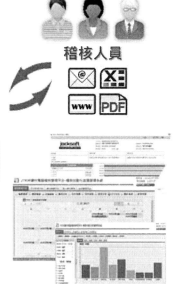

稽核自動化元件管理　　　　　　　稽核自動化底稿管理與分享

■稽核自動化：電腦稽核主機
一天24小時一周七天的為我們工作。

JTK | Jacksoft ToolKits For Continuous Auditing
The continuous auditing platform

168

JTK持續性稽核平台儀表板

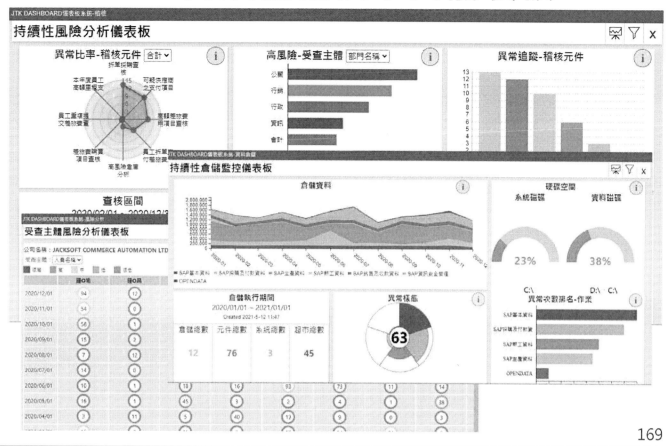

資料字典-以SAP ERP系統為例

Audit Data Warehouse JTK持續性電腦稽核管理平台- 稽核資料倉儲系統

SAP ERP-資料字典

稽核資料倉儲提供稽核部門將所需要查核的相關資料進行整合，解決稽核人員進行電腦稽核最大的瓶頸-資料萃取問題，提供稽核人員可以獨立自主且快速而準確的進行資料分析，快速的進入到持續性稽核的運作環境。

※請安裝至JTK持續性電腦稽核管理平台（含ACL電腦稽核軟體）中執行，如有問題，請洽JACKSOFT客服中心

▼ 銷售及收款循環

選擇應收帳款明細檔

資料字典-以SAP ERP系統為例

銷售及收款循環- 資料表清單　　資料表數：12

序號	資料表名稱	中文說明	循環名稱	系統別
1	BSAD	應收帳款明細檔	銷售及收款循環	SAP
2	BSID	應收帳款主檔	銷售及收款循環	SAP
3	AFKO	訂單單頭	銷售及收款循環	SAP
4	AFPO	訂單單身	銷售及收款循環	SAP
5	AUFK	訂單主檔資料	銷售及收款循環	SAP

⬆BSAD 應收帳款明細檔:資料表說明

序號	欄位名稱	欄位說明	型態	欄位長度	KEY	備註
1	MANDT	用戶端	CHAR		✓	
2	BUKRS	公司代碼	CHAR		✓	
3	KUNNR	客戶編號	CHAR		✓	
4	BUDAT	發票日期	DATETIME			
5	AUFNR	訂單號碼	CHAR		✓	
6	UMSKS	特殊總帳交易類型	CHAR		✓	

資料表欄位說明

電腦稽核軟體應用學習Road Map

資安科技　　　　　　　　**永續發展**　　　　　　　　**稽核法遵**

國際網際網路稽核師　國際資料庫電腦稽核師　　ICEA國際ESG稽核師　　國際ERP電腦稽核師　國際鑑識會計稽核師

國際電腦稽核軟體應用師

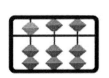   

專業級證照- ICCP

國際電腦稽核軟體應用師(專業級)
International Certified CAATs Practitioner

CAATs
-Computer-Assisted Audit Technique
強調在電腦稽核輔助工具使用的職能建立

職能	說明
目的	證明稽核人員有使用電腦稽核軟體工具的專業能力。
學科	電腦審計、個人電腦應用
術科	CAATs 工具

CAATTs and Other BEASTs for Auditors
by David G. Coderre

by David G. Coderre

173

歡迎加入 法遵科技 Line 群組
~免費取得更多電腦稽核應用學習資訊~

法遵科技知識群組

有任何問題，歡迎洽詢 JACKSOFT
將會有專人為您服務
官方Line：@709hvurz

「法遵科技」與「電腦稽核」專家

傑克商業自動化股份有限公司　台北市大同區長安西路180號3F之2(基泰商業大樓) 知識網:www.acl.com.tw
TEL:(02)2555-7886　FAX:(02)2555-5426　E-mail:acl@jacksoft.com.tw

參考文獻

1. 黃秀鳳，2023，JCAATs 資料分析與智能稽核，ISBN9789869895996

2. 黃士銘，2022，ACL 資料分析與電腦稽核教戰手冊(第八版)，全華圖書股份有限公司出版，ISBN 9786263281691.

3. 黃士銘、嚴紀中、阮金聲等著(2013)，電腦稽核─理論與實務應用(第二版)，全華科技圖書股份有限公司出版。

4. 黃士銘、黃秀鳳、周玲儀，2013，海量資料時代，稽核資料倉儲建立與應用新挑戰，會計研究月刊，第 337 期，124-129 頁。

5. 黃士銘、周玲儀、黃秀鳳，2013，"稽核自動化的發展趨勢"，會計研究月刊，第 326 期。

6. 黃秀鳳，2011，JOIN 資料比對分析-查核未授權之假交易分析活動報導，稽核自動化第 013 期，ISSN:2075-0315。

7. 黃士銘、黃秀鳳、周玲儀，2012，最新文字探勘技術於稽核上的應用，會計研究月刊，第 323 期，112-119 頁。

8. 2023，中時新聞網，"電信史上最高 員工勾結詐團 NCC 重罰台灣之星 1600 萬 "
https://www.chinatimes.com/newspapers/20230803000401-260106?chdtv

9. 2023，中時新聞網，"去年詐騙案削台 70 億元 首宗電信涉詐 NCC 輕罰 30 萬 "
https://www.chinatimes.com/newspapers/20230727000479-260118?ctrack=mo_main_headl_p07&chdtv

10. 2023，Find my CRM， "Top 12 CRM Functionalities and Features List "
https://www.findmycrm.com/blog/crm-overview/top-12-crm-functionalities-and-features-list

11. 2023，數位時代， "誠品、iRent 接連個資外洩，修法後最重罰 1500 萬！分析師：資安還要補強兩件事 "
https://www.bnext.com.tw/article/75278/cyber-security-personal-information

12. 2023，Youtube， "員工轉售門號予中國詐團 NCC 重罰台灣之星 1600 萬"
https://www.youtube.com/watch?v=CePgH7uKaNI

13. 2023，維基百科， "文本情感分析"
https://zh.wikipedia.org/zh-tw/%E6%96%87%E6%9C%AC%E6%83%85%E6%84%9F%E5%88%86%E6%9E%90

14. 2023，國泰人壽， "VOICE OF CUSTOMER 客戶之聲"
https://patron.cathaylife.com.tw/npsvoc/Customer

15. 2022，Yahoo 新聞， "害中華電信賠千萬 起訴內鬼工程師"
https://autos.yahoo.com.tw/news/%E5%AE%B3%E4%B8%AD%E8%8F%AF%E9%9B%BB%E4%BF%A1%E8%B3%A0%E5%8D%83%E8%90%AC-%E8%B5%B7%E8%A8%B4%E5%85%A7%E9%AC%BC%E5%B7%A5%E7%A8%8B%E5%B8%AB-025644020.html?guccounter=1&guce_referrer=aHR0cHM6Ly93d3cuZ29vZ2xlLmNvbS8&guce_referrer_sig=AQAAAKIo0zLdCMX7EZOA3otZ1__vZpwO0LmEXQDCOieaPzOkm220RVqT6a8b69fWzLo2hXRMBYw8o5Q9KfhaEY2w9MtDWYnuHq7TvFyLbF8DWR834QHe0IEI57k1lytgOMQu1titUSUll_l5AZqMitxOSLDAdVZDLaTEa2WpaezR-DQs

16. 2022，自由時報，“偵查佐賣個資給徵信業者 認罪判緩刑”
    https://news.ltn.com.tw/news/society/breakingnews/4007720

17. 2020，Sourcezines，“2020 年中統計，全球違反 AML、KYC 的罰款高達 56 億美元”
    https://sourcezones.net/2020/08/26/aml-kyc-fines-up-to-5-6-billion-us-dollars/

18. 2019，Yahoo，“洗錢防制有缺失 金管會開罰 2 家銀行共 600 萬元”
    https://tw.news.yahoo.com/news/%E6%B4%97%E9%8C%A2%E9%98%B2%E5%88%B6%E6%9C%89%E7%BC%BA%E5%A4%B1-%E9%87%91%E7%AE%A1%E6%9C%83%E9%96%8B%E7%BD%B02%E5%AE%B6%E9%8A%80%E8%A1%8C%E5%85%B1600%E8%90%AC%E5%85%83-113535421.html

19. 2022，ICAEA，“國際電腦稽核教育協會線上學習資源”
    https://www.icaea.net/English/Training/CAATs_Courses_Free_JCAATs.php

20. 2019，自由時報，“中華電信作地下放貸被倒帳 4.3 億 25 員工被起訴”
    https://news.ltn.com.tw/news/society/breakingnews/2701957

21. 2013，Yahoo 新聞網，“浮報出貨 宏碁員工暗槓上億”
    https://tw.news.yahoo.com/%E6%B5%AE%E5%A0%B1%E5%87%BA%E8%B2%A8-%E5%AE%8F%E7%A2%81%E5%93%A1%E5%B7%A5%E6%9A%97%E6%A7%93%E4%B8%8A%E5%84%84-050813304--finance.html

22. 2012，Deloltte，“Data quality driven, customer insights enabled A holistic view of customer data reduces risk exposure”
    https://www2.deloitte.com/content/dam/Deloitte/us/Documents/deloitte-analytics/us-da-data-quality-driven-060812.pdf

23. eBooks，2007，“Internal Audit Handbook”
    https://www.ebooks.com/en-tw/book/372077/internal-audit-handbook/c-boecker/?_c=1

24. Amazon，2006，“Security, Audit and Control Features SAP R/3: A Technical and Risk Management Reference Guide, 2nd Edition”
    https://www.amazon.com/gp/product/images/1933284307/ref=dp_image_0?ie=UTF8&n=283155&s=books

25. 2001，ISACA，“How to Audit Customer Relationship Management (CRM) Implementations”
    https://www.isaca.org/resources/isaca-journal/issues

26. SAP，“SAP 整合功能架構圖”

27. AICPA，“美國會計師公會稽核資料標準”
    https://us.aicpa.org/interestareas/frc/assuranceadvisoryservices/auditdatastandards

28. Python
    https://www.python.org/

29. Nisarga Soft，“Data Cleansing”
    https://www.nisargasoft.net/html/Data-Cleansing.html

30. PDF，“SAP Table Relations”
    http://www.abap.es/Descargas/TAB%20-%20Relacion%20de%20las%20tablas%20por%20modulos.PDF

31. SAP ERP 持續性稽核 APP
    http://jgrc.bizai.org/continuous_audit.php

作者簡介

黃秀鳳 Sherry

現　　任

傑克商業自動化股份有限公司 總經理

ICAEA 國際電腦稽核教育協會 台灣分會 會長

台灣研發經理管理人協會 秘書長

專業認證

國際 ERP 電腦稽核師(CEAP)

國際鑑識會計稽核師(CFAP)

國際內部稽核師(CIA) 全國第三名

中華民國內部稽核師

國際內控自評師(CCSA)

ISO 14067:2018 碳足跡標準主導稽核員

ISO27001 資訊安全主導稽核員

ICAEA 國際電腦稽核教育協會認證講師

ACL Certified Trainer

ACL 稽核分析師(ACDA)

學　　歷

大同大學事業經營研究所碩士

主要經歷

超過 500 家企業電腦稽核或資訊專案導入經驗

中華民國內部稽核協會常務理事/專業發展委員會 主任委員

傑克公司 副總經理/專案經理

耐斯集團子公司 會計處長

光寶集團子公司 稽核副理

安侯建業會計師事務所 高等審計員

國家圖書館出版品預行編目(CIP)資料

運用 AI 人工智慧協助 SAP ERP 客戶有效性電腦稽核
實例演練 / 黃秀鳳作. -- 1 版. -- 臺北市 :
傑克商業自動化股份有限公司, 2023.09
　　面 ;　　公分. -- (國際電腦稽核教育協會認
證教材)(AI 智能稽核實務個案演練系列)
　　ISBN 978-626-97833-0-4(平裝)

　　1.CST: 稽核 2.CST: 管理資訊系統 3.CST: 人
工智慧

494.28　　　　　　　　　　　　　　　112015796

運用 AI 人工智慧協助 SAP ERP 客戶有效性電腦稽核實例演練

作者 / 黃秀鳳

發行人 / 黃秀鳳

出版機關 / 傑克商業自動化股份有限公司

地址 / 台北市大同區長安西路 180 號 3 樓之 2

電話 / (02)2555-7886

網址 / www.jacksoft.com.tw

出版年月 / 2023 年 09 月

版次 / 1 版

ISBN / 978-626-97833-0-4